全国高等美术院校建筑与环境艺术设计专业规划教材

民 居 测 绘

尺度的感悟

吴 昊 主 编

海继平 副主编

李建勇 王 娟 张 豪 刘亚国 编 著

中国建筑工业出版社

图书在版编目(CIP)数据

民居测绘　尺度的感悟/吴昊主编. —北京:中国建筑工业出版社,2010.8(2023.6重印)

(全国高等美术院校建筑与环境艺术设计专业规划教材)

ISBN 978-7-112-12129-8

Ⅰ. ①民… Ⅱ. ①吴… Ⅲ. ①民居-建筑测量 Ⅳ. ①TU241.5

中国版本图书馆 CIP 数据核字(2010)第 095286 号

　　本书从中国民居的发展脉络,民居在不同时期、不同地域环境下的生长特点进行论述,让学生如实的了解中国民居的发展历程,从测绘实践的角度出发,在测量过程中了解中国民居建筑的形制与空间形态。在此基础上学习民居测绘的概念、意义和基本知识,并掌握民居测绘的内容与方法,并且能够熟练地使用测绘工具,最终利用计算机辅助制图表达测绘成果。

　　在测绘实习中,注重强调对民居地域特色的整体把握,从建筑的空间形态、平面布局特点、建筑立面形式、构造做法特点及建筑装饰细节等系统性的进行测量与整理。

　　通过勘察、测绘与整理,以图文并茂的形式运用大量的手稿和 cad 绘图在书中表达出来,供学生及同专业领域的人士或相关专业的大学生提供学习与参考。

　　测绘使学生能够经过严格训练,综合运用建筑设计基础、中国建筑史、画法几何、测量学、CAD 等课程的知识与技能,加深了对传统民居建筑优秀遗产的认识,提高测绘技能和建筑审美、研究能力等,形成合理的智能结构,培养良好的专业技能和职业道德,为以后设计实践打下坚实基础。

责任编辑:唐　旭　李东禧
责任设计:张　虹
责任校对:赵　颖

全国高等美术院校建筑与环境艺术设计专业规划教材

民居测绘

尺度的感悟

吴　昊　主编

海继平　副主编

李建勇　王　娟　张　豪　刘亚国　编著

＊

中国建筑工业出版社出版、发行(北京西郊百万庄)

各地新华书店、建筑书店经销

北京天成排版公司制版

建工社(河北)印刷有限公司印刷

＊

开本:880×1230毫米　1/16　印张:8½　字数:244千字

2011年5月第一版　　2023年6月第五次印刷

定价:**38.00**元

ISBN 978-7-112-12129-8

　　　(40366)

全国高等美术院校
建筑与环境艺术设计专业规划教材

总主编单位：

中央美术学院

中国美术学院

西安美术学院

鲁迅美术学院

天津美术学院

四川美术学院

广州美术学院

湖北美术学院

清华大学美术学院

上海大学美术学院

中国建筑工业出版社

总主编：

吕品晶　张惠珍

编委会委员：

马克辛　王海松　吴　昊　苏　丹　邵　建　赵　健

黄　耘　傅　祎　彭　军　詹旭军　唐　旭　李东禧

（以上所有排名不分先后）

《民居测绘　尺度的感悟》

本卷主编单位： 西安美术学院

吴　昊　主编

总　序

缘起

《全国高等美术院校建筑与环境艺术设计专业实验教学丛书》已经出版十余册，它们是以不同学校教师为依托的、以实验课程教学内容为基础的教学总结，带有各自鲜明的教学特点，适宜于师生们了解目前国内美术院校建筑与环境艺术设计专业教学的现状，促进教师对富有成效的特色教学进行理论梳理，以利于取长补短，共同进步。目前，这套实验教学丛书还在继续扩展，期望覆盖更多富有各校教学特色的各类课程。同时对那些再版多次的实验丛书，经过原作者的精心整理，逐步提炼出课程的核心内容、原理、方法和价值观编著出版，这成为我们组织编写《全国高等美术院校建筑与环境艺术设计专业规划教材》的基本出发点。

组织

针对美术院校的规划教材，既要对学科的课程内容有所规划，更要对美术院校相应专业办学的价值取向做出规划，建立符合美术院校教学规律、适应时代要求的教材观。规划教材应该是教学经验和基本原理的有机结合，以学生既有的知识与经验为基础，更加贴近学生的真实生活，同时，也要富含、承载与传递科学概念、方法等教育和文化价值。十所美术院校与中国建筑工业出版社在经过多年的合作之后，走到一起，通过组织每年的各种教学研讨会，共同为美术院校建筑与环境艺术设计专业的教材建设做出规划，各个院校的学科带头人们聚在一起，讨论教材的总体构想、教学重点、编写方向和编撰体例，逐渐廓清了规划教材的学术面貌，具有丰富教学经验的一线教师们将成为规划教材的编撰主体。

内容

与《全国高等美术院校建筑与环境艺术设计专业实验教学丛书》以特色教学为主有所不同的是，本规划教材将更多关注美术院校背景下的基础、技术和理论的普适性教学。作为美术院校的规划教材，不仅应该把学科最基本、最重要的科学事实、概念、原理、方法、价值观等反映到教材中，还应该反映美术学院的办学定位、培养目标和教学、生源特点。美术院校教学与社会现实关系密切，特别强调对生活现实的体验和直觉感知，因此，规划教材需要从生活现实中获得灵感和鲜活的素材，需要与实际保持紧密而又生动具体的关系。规划教材内容除了反映基本的专业教学需求外，期待根据美院情况，增加与社会现实紧密相关的应用知识，减少枯燥冗余的知识堆砌。

使用

艺术的思维方式重视感性或所谓"逆向思维"，强调审美情感的自然流露和想象力的充分发挥，对于建筑教育而言，这种思维方式有助于学生摆脱过分的工程技术理性的约束，在设计上呈现更大的灵活性和更加丰富的想象，以至于在创作中可以更加充分地体现复杂的人文需要，并且在维护实用价值的同时最大限度地扩展美学追求；辩证地运用教材进行教学，要强调概念理解和实际应用，把握知识的积累与创新思维能力培养的互动关系，生动有趣、联系实际的教材对于学生在既有知识经验基础上顺利而准确地理解和掌握课程内容将发挥重要作用。

教材的使命永远是手段，而不是目的。使用教材不是为照本宣科提供方便，更不是为了堆砌浩瀚无边的零散、琐碎的知识，使用教材的目的应该始终是让学生理解和掌握最基本的科学概念，建立专业的观念意识。

教材的使用与其说是为了追求优质的教学效果，不如说是为了保证基本的教学质量。广义而言，任何具有价值的现实存在都可以被视为教材，但是，真正的教材永远只会存在于教师心智之中。

吕品晶　张惠珍

2008 年 10 月

序

把根留住

  民居是建筑艺术宝库中的重要资源，建筑大师赖特正是有了对美国西部农庄的丰富体验才创造了著名的草原住宅系列。勒·柯布西耶也正是基于对地中海民居的考察，特别是对希腊桑托里尼岛山地民居的考察才创作出一代名作——郎香教堂。阿尔托更是从当地民居中获得灵感创作了一系列富有情感、地域化的现代建筑。可以毫不夸张地说：民居是我们创作的源泉。

  20世纪建筑理论研究的一个误区是：过分重视古代宫殿、衙署，忽略了民居、村落的归纳、整理和研究。许多民居在我们的集体无意识下，经历了致命性的破坏和改革开放后建设性的破坏，多少美丽的乡村，千姿百态的民居被拆毁，代之以大一统毫无特色的所谓现代建筑，如同把青铜器当废铜烂铁，换成不锈钢。值得欣慰的是一批又一批仁人志士继梁思成之后开始第二次"田野考察"，致力于民居的积极性发掘，也正是由于全面的民居文化抢救运动，才唤醒了整个社会对民居的重视和保护。现代文明应是不同时期、不同地域文明的多元叠加，而非统一的单一文化和文明。

  我们说民居中蕴含着丰富的宝藏和可贵的精神。因为它是千百年来人们与自然抗争和融合的智慧结晶，是一个地区一个时期人文、习俗、艺术材料和科技的具体表现。民居的特点在于就地取材，简单经济，它蕴含着的许多纯朴的思想和营造的基本原理，没有被现代异化。在许多民居中仍闪耀着可贵的恒久价值：如简约节制的生态思想、表里如一、天人合一的环境理念。

  建筑学习需要体验，需要触摸，需要我们与建筑面对面身临其境的对话。对学生来说测绘无疑是一个很好的方法，它是学生把真实的三维建筑用现代的测绘技术还原在二维空间的一个过程，是综合应用所学知识系统学习建筑的一个重要方法，在这个过程中我们即可学习建筑测绘原理，体验建筑，又可在1：1的建筑中游走，在实践中反复阅读建筑。

  写到这里我不禁回想起二十五年前上学时在峨眉山的测绘实

习，报国寺的严谨法式和空间序列，雷音寺的因地制宜和道法自然，深深影响着我的建筑观，现在回想起来仍历历在目、回味无穷。建筑是一门实践和应用的艺术，读万卷书，行万里路，是设计师基本的学习方法，如果建筑也分精读和泛读的话，那么建筑测绘绝对是重点的精读。

吴昊老师是我认识多年的著名教授，练就一手好功夫，他常常用特有的美学观审视建筑，发表独到的见解。近年来关注人居环境，特别是陕北民居，为千千万万窑居者呼唤春天，并多有建树。

建筑中的一砖一瓦，一草一木都寄托着人们对美好生活的渴望，测绘过程本身也是一次与古人未曾谋面的对话。我们会经常发问这是为什么……那是为什么……，一百个居民有一百个故事，我们会在疑惑中成长、成熟。

意大利文艺复兴时期也有一大批学者考察和测绘古罗马的建筑遗存，在学习和创造中迎来了伟大的文艺复兴，我们也期待着通过一系列中国民居测绘、研究，回归自然、回归基本原理，向民居学习、向传统学习、把根留住。

赵元超
中建西北建筑设计院院总建筑师
2010.8.6 于古都西安

前　言

测绘生土窑洞民居，认识建筑本原文化

对古民居测绘，是我们向历史学习、向前人学习，获取知识来源的重要途径，也是收集传统建筑资料的重要手段，在经济飞速发展的今天，由于各种因素，大部分古民居从城市到农村短短二十年内正成片成片的消失，这无疑是一种遗憾，因此，对古民居文化遗产的保护，以测绘实践进行图纸与数据的搜集，是保护民居的最具意义的行动。

测量民居对研究传统文化、了解传统建筑脉络有很大的专业价值，民居是中国传统建筑中最生态、最朴实、最生活化、最人性化的建筑类型，其生态性和可持续性表现得尤为突出。通过测绘与整理，对专业设计实践及当代人们的社会生活具有重要的借鉴与参考价值。

测绘民居，是因为民居作为建筑遗产的一部分在当今历史发展阶段具有重要意义，它是占比重很大的传统物质文化遗产。与此同时，通过教学实践，能够从中学习到很多在课堂不曾获取的宝贵财富，通过测绘整理出来的准确翔实的测绘数据资料和严谨科学的记录档案，是我们在今后设计实践中最直接的尺寸依据及准确科学的测绘数据。

吸收民族文化的积极因素，借鉴传统文化内涵，探索既符合时代要求，又独具中国特色的本原民居建筑文化精神

我国民居的多元包容、丰富多样的建筑艺术形式，充分体现其功能、构造和艺术的完美统一，至今都未失去丰富的借鉴价值。独特的形态体系、显著地域特色，更值得去深入挖掘、研究和弘扬。

这些精髓可以通过测绘及设计实践的再创造得到延续与传承。

对传统民居的测绘实践活动，是解决如何保护、继承和发扬优秀生态建筑的必要手段，也是传承传统文化、探索既符合时代要求又有中国特色民居建筑文化的重要课题，因为民居蕴含了古人优秀的思想智慧，通过最直接接触、全身心的体验，运用专业的手段描绘它，可获得刻骨铭心的深刻感性认识。民居的营造构造及形式，是训练学生对形体、空间理解和表达的现实教材，可有效提高学生对民居院落的洞察力、尺度感及形式感，提高对空间认知、审美及图形语言的表达能力。

测绘实践课题的开展与研究，对于学习建筑艺术及相关专业的大学生在学习传统建筑文化方面有一定的帮助作用，将为今后设计道路打下坚实的基础，也是进行设计创新和理论数据获取的重要途径。通过以教学实践实质性问题来解决大学生对传统文化的认识、对民族文化的认识，尤其在当今传统建筑渐渐消失的近况下，使学生更加懂得传统建筑及传统文化的重要性。

通过细致入微的测量，能够克服我们在设计实践当中的浮躁心理，经过直接参与测绘实践，可以亲身体验、深入研究。在当今城市建筑特色逐渐趋同化、单一化的格局中，我们更要立足自身本原文化，借鉴传统，吸收具有民族文化的积极因素，构筑具有典型地域特色的全新建筑理论框架。

把握地域建筑本原文化的精髓，为现代人居环境所面临的生态危机等问题提供思考的依据

中国民居具有的质朴建筑艺术美，是建筑本原文化的精髓，也是当地老百姓长期劳动创造出来的文化成果及智慧结晶，具有典型的地域建筑文化特色，是最理想的居住环境，也是我国民族建筑文化传统与民俗文化传统在民居中的完美结合的最佳范例，其顺应自然并且与自然合而为一，融入了传统的哲学及美学观。

然而，传统民居由于在使用过程中的自然损耗，风雨的侵蚀，自然灾害的影响，如火灾、地震等因素，加上战乱、人为的破坏因素，绝大多数已残破不堪，有的甚至被人为的拆除，随着时间的推移正渐渐消失。

对民居进行勘察、测绘与整理，可以了解它的建造格局、营造特点、文脉特征及文化背景。测绘不仅仅是简单的数据收集与整理，因为通过实地测绘，进行现场踏勘与采访，我们必须查阅文献资料，通过测绘实践可以获得详尽完整的相关背景研究资料。现场的调查研究，可从其所处的地理条件、地貌、地形特点、水文特征等自然环境要素中获得重要的科学记录数据。从其历史人文背景、自然生态环境、社会文化环境、行政区域划分、商业经济发展中，能够完整地了解并概括出民居的地域特色、人居环境的分布特点、聚落居住的选址和聚落形态特征。同时，可进一步对院落空间形态、建筑形制、建筑装饰以及民居的风格特征进行系统性的调查研究，既丰富了测绘的内容，又能使测绘资料更加充实。

通过测绘，可以了解民居院落的基本形制与特征，以陕北窑洞民居院落为例，在院落里，主要房间里级别最高的是正房——长者居住的房屋，正房两边是耳房，厢房在正房前的左右两侧，为子女居住。院落里房间布局巧妙、精雕细刻、朴素大方，空间开敞、日照充分、尺度宜人，具有天人合一的人居环境特点。通过对格局、形制的分析还可以了解到中国传统的礼乐制度在民居布局上的集中体现，如布局特点及居住形制上的尊卑秩序，如长幼等级、男女伦理秩序、内外远近关系等。

在挖掘传统民居文化及生活方式的过程中，可以了解到当地人的居住特点、生活习惯、地域风情及民族习俗等情况，还能了解到在民居中强烈反映着的使用者的民俗民情、生活状态、观念形态、处世哲学和审美情趣。

测绘不仅仅停留在建筑实体的物质文化遗产的基础上，在测绘实践过程中，通过体验、认知、理解、探究以及访问，还可以挖掘其非物质文化遗产方面的东西，在科技文明突飞发展的今天，传统的非物质形态的东西离现代化生活越来越远，正面临消失，被所谓现代化的西方文明侵蚀得越来越严重，现代化的施工工艺（水泥、瓷砖、涂料、陶瓦）与工业文明的现代化家具（冰箱、洗衣机、沙发、西式床）摆设，似乎与传统的空间格局格格不入。

立足本原，以独具地域特色的窑洞民居为据点，挖掘古民居自然的且本原的和谐美

中国传统建筑无论是从形制、结构、部件构造、色彩上都默默体现着独特的民族风采，有着其他域外建筑无可比拟的民族形式与地域风格，尤其在民居上体现得更为充分。

中国民居是中国建筑史上的一朵奇葩，尊重自然、结合气候、因地制宜的聚落形态散落在不同地域特色的自然生态环境里，作为民族的瑰宝深深镶嵌在中华大地的土壤里。日本建筑学会农村计划委员会委员长工学博士青木正夫在赞扬陕西党家村时曾这样描述："我曾到过欧、亚、美、非四大洲十多个国家，从来没有见过布局如此紧凑、做工如此精细、风貌如此古朴典雅，文化气息如此浓厚、历史悠久的保存完好的古代传统居民村寨。党家村是东方人类古代传统居住村寨的活化石。"

对中国传统建筑的了解，使我们并不去盲目崇拜欧美建筑，熟知我们祖先留下的丰富的宝贵遗产。只有了解本国的，才有可能去比对外国的，才能对国内外建筑体系进行比较研究，进一步更新在以后设计道路上的理念，使我们能够注重创新人才培养的全新教学模式，从而形成有利于学生实现自主性学习，尽早参与设计实践工作，建立学习和创新并进的设计模式体系。

林徽因先生在她的《论中国建筑之几个特征》中这样描述中国建筑：屋顶本是建筑上最实际必须的部分，中国则自古不殚烦难的，使之尽善尽美。使切合于实际需求之外，又独具一种美术风格。屋顶最初即不止为屋之顶，因雨水和日光的切要实题，早就扩张出檐的部分。使檐突出并非难事，但是檐深则低，低则阻碍光线，且雨水顺势急流，檐下溅水问题因之发生。为解决这个问题，我们发明飞檐，用双层瓦檐，使檐沿稍翻上去，微成曲线。又因美观关系，使屋角之檐加甚其仰翻曲度。这种前边成曲线，四角翘起的"飞檐"，在结构上有极自然又合理的布置，几乎可以说它便是结构法所促成的。……这个曲线在结构上几乎不可信的简单，和自然，而同时在美观方面不知增加多少神韵。

就中国传统建筑的型制与结构来讲，其结构体系与建筑特征浑然一体，结构无论从作用本身还是外部造型都紧密结合，构成其独特的架构体系。林徽因先生在《〈清式营造则例〉第一章绪论》中说道：中国木造结构方法，最主要的就在构架之应用。北方有句通行的谚语，"房倒屋不塌"，正是这结构原则的一种表征。其用法则在屋构程序中，先用木材构成架子作为骨干，然后加上墙壁，如皮肉之附在骨上，负重部分全赖木架，毫不借助墙壁；这种结构法与欧洲古典派建筑的结构法，在演变的程序上，互异其倾向。中国木构正统一贯享用三千多年的寿命，仍还健在。希腊古代木构建筑则在纪元前十几世纪，已被石取代，由构架变成垒石，支重部分完全依赖"荷重墙"。在欧洲各派建筑中除去最现代始盛行的钢架法及钢筋水泥构架法外，唯有哥特式建筑，曾经用过构架原理；但哥特式仍是垒石发券作为构架，规模与单纯木架甚是不同。哥特式中又有所谓"半木构法"则与中国构架极相类似。惟因有垒石制影响之同时存在，此种半木构法之应用，始终未能如中国构架之彻底纯净。

在当今社会风气影响下，大多数人往往将现代化误解为"国际化"甚至"全盘西化"，盲目追随欧美时髦建筑形式，以致轻视、排斥我国古代优秀建筑文化遗产的继承、借鉴和弘扬，通过民居测绘，更是对传统文化身临其境的领悟，从基础开始，从本原文化开始，这对于今天的设计行业，盲目的抄袭，而不去系统挖掘文化根源，只知其表，而不知其里，只停留在肤浅的表面现象具有深刻的教育意义。只有经过对文化遗产的实际体验以后，才会真正的感知传统文化的精髓。

在网络信息时代，动手能力得到充分的价值体现

由于网络信息的快速与便捷，数码时代的现实特性，眼高手低、基础薄弱、实践能力差是当今大学生普遍存在的问题。通过课外测绘实践，能够有效地提高学生学习的积极性与能动性，加深对所学知识的认识及实践能力的培养，从而及时将所学理论与实际应用结合起来。由于在实习基地中，学生对测绘数据、实地尺寸、民居的场地尺度会有了一定的现实性认识，大量信息将扎实地储存在大脑里，在以后的设计实践之中用之将更得心应手。

因为在测量过程中需进行有关人文信息的采集、更新、管理与整理，利用不同的技术手段进行记录。例如，坐标系统的建立、图纸的编制、工程测量和测量误差处理等。通过系统的整理过程，进行有效的统筹安排，能够了解到营造的技术与结构，甚至包括工艺处理与构造做法。同时要对当地材料的利用和建造特性进行考察，并懂得相关专业知识和建筑技术，使工作更加深入、细致且条理化。

民居的测绘从技术上可归入测绘学科分支中的建筑工程测量，要对传统民居的相关几何、物理、人文信息适时进行采集、测量、处理，并管理、更新、显示相关活动的技术程序。在测绘过程中，还会受到一定物质条件和技术处理的限制和制约，必须使整个测量阶段形成紧密的分类体系，使实践活动更加统筹化与系统化。通过专业的测量手段、工作流程和组织方式，使得整个测量工作进行得细致而精密，这是民居建筑艺术的再现与表达，而不是完全被动的描摹。

测绘实践过程中，不只对建筑实体的物质文化遗产进行整理，还应通过体验、认知、理解、探究以及访问，来获得更多的相关信息。这些是在测绘过程中需要挖掘的重要素材。测量不只是在现场的单纯而机械的工作，通过每一个综合性的实践环节，还要要求学生灵活运用建筑史、测量学、制图学、建筑设计初步、计算机制图等已学课程，从而把所学知识巧妙应用到实践中去，在测量现场可以掌握基本的测绘知识与技能，熟练建筑测绘方法，为学生提高动手能力、应变能力、知识技能的迁移能力和创造力提供便利条件，这样一来，能够获得课堂内无法教授的知识技能。

然而，对传统民居建筑文化意蕴在精神层面的理解，才是真正对民居文化的理解与表达，是学习传统文化在思想与理念上的升华。因此，仅仅掌握测量技术，绘制出完整的测绘图纸是远远不够的，还应通过测绘学习，对学生在思想的认知上发挥作用，达到在教学实践中的综合训练和再认知，提升自己的专业技能和综合修养。

测绘让人们懂得建筑与空间的构造

建筑设计是高技术、综合性的艺术创作活动，它需要具备一定的艺术素养和较强的创造性思维。建筑师总是具有多面性的思维方式，其既不同于一般性的艺术设计，同时又具备超人的艺术创作灵感。尤其是对空间的理解与认识。往往是艺术家所不能及的思维方式。

学习建筑与环境艺术设计，不能忽视对建筑写生及建筑测绘的实践，建筑初步与写生颇似对设计师的素质教育，而建筑测绘与制图则成为进入建筑空间的开始。这如同我们平时看画册图片，再好看的摄影作品，也只能让人建立一个感性认识，它根本无法使你清楚空间中的内容与变化。只有测绘与制图才能把你带入建筑中去，让你真正懂得什么是建筑，什么叫空间，让你真正清楚建筑·环境·人的关系。测绘也不仅仅是一个简单的数据与构造立面，它是给你讲述艺术的逻辑关系学，让你懂得建筑美学的"1+1"，任何一个不懂建筑的学生都必须从这里开始走入建筑。

建筑测绘是认识建筑的开始，建筑制图是让学生懂得规矩，学会用图示语言表达你的艺术语系。对于一个有价值的建筑，无论是古建与民居，我们学习的最好方法就是采用测绘来记录它、阅读它，没有更好的途径能超越这样的方法了。它如同音乐中的五线谱与音符，有着极强的表现力造型感。

人们往往形容建筑是凝固的音乐。这一点不假，建筑的音乐是一种特殊的美学曲调，通过逻辑关系被编织成具有强烈乐感的立体乐章。然而，这样的乐章是要靠制图的音符来完成的交响乐。对于一个无论是建筑设计或是环境艺术设计的初学者都应重视对建筑测绘及建筑制图的学习。在一定程度上这如同一个在练钢琴的音乐家，他所弹出的动人乐曲，都是先从曲子开始练习过来的一样。

打破网络时代对间接素材库的依赖，从测绘现场获取最具价值、最真实的第一手资料

进行系统的资料整理和测绘，为大学生学习传统建筑奠定了坚实的基础，使其对传统文化有了新的认识，它既是理论研究的重要依据，又是设计创作不竭的源泉。

民居的测绘不但要进行文字的搜集整理、系统编写测绘报告，在程序操作上，还要把它提高到文化遗产性质的工作程序来进行。进行实地测绘、问卷调查、数据获取、综合报告等，在强化实践能力的同时，更要搜集大量的资料与信息，因为这些资料与信息是最真实的第一手资料。在进行记录整理时，整个过程要具备一定的科学性，其中包括调查每一项与建筑相关的背景资料等相关工作，在必要的情况下对其进行研究评估、包括确定级别，要把所有信息系统完整地建立起来，使其成为有效的档案记录资料。

在实际操作中，我们设定必要的保护规划模拟设计，通过详细的测量，准确的绘制草图，得到翔实而完整的现实性资料，通过现场的亲身体会，使测绘工作更完整而充实，获取最直接、最真实的资料。通过完整而严密的整理，使我们得到的数据更准确、更严谨。徒手的描绘，身临其境的现场体验，是对民居具体而深刻的认识，而不是道听途说，人云亦云，只知其表的肤浅认识。摒弃了现在许多大学生过分依赖网络、依赖图片资料的收集学习习惯。学生往往在进行资料搜集时，对一些素材的应用缺乏准确的判断，只知其一，不知其二，缺乏对问题的推敲与思考，拿来就用，缺乏对事物的分析，不假思索，从而出现设计作品的雷同化，千篇一律，千人一面，缺乏自己的个性与特色，过于追求浮夸形式，这样难免出现内容空洞，流于形式的设计作品。这样的模式造成的后果便是现在城市设计趋同化、建筑环境趋同化的主要根源。

民居建筑中往往包含有许多其他种类的文物及艺术品，如壁画、碑刻、塑像等，它们作为建筑的一个有机组成部分不能忽略，它们都是现场最为宝贵的现实素材，最真实、最可靠，建筑物是它们的载体，它们为建筑物增添了文化价值与研究价值，同时也是考证建筑物建造年代及历史背景的珍贵资料。测绘时可以通过拍摄照片、画速写、拓片、文字记述等方式将这些艺术品记录下来，待进行正式电脑绘图时，将图形文件及相关文字整理出来，使民居建筑测绘的成果更加丰富翔实。

通过测绘实践的经历，大量的信息储备，将对以后的设计实践产生深远的影响，包括长远的设计理念与个人的思维体系。通过科学记录档案的建立，可获得最直接最具体的数据和相关信息。

实践性教学过程，改变了课堂单纯理论讲授模式。学生对于测绘数据、实地尺寸、民居建筑的场地尺度有了实际认识，培养了学生学习的严谨性与系统性。经过实地系统而缜密的测绘，再通过徒手写生、学习考察、问卷设计调查，最后分析归纳，撰写综合报告等，提高了学生的综合实践能力，强化了对所学知识的认识，突出了所学知识的交叉渗透。改变了学生过分依靠计算机，依靠单纯网络间接资料库，缺乏主动地搜集整理资料的被动学习状态，强调了学生的钻研精神的培养。

培养具有创新能力的有可持续发展思维的设计人才

对民居的测绘是大学生本科教育的重要综合性实践环节。通过测绘使学生能够经过严格训练，综合运用建筑设计基础、中国建筑史、画法几何、测量学、CAD 等课程的知识与技能，加深对古建筑优秀遗产的认识，提高测绘技能和建筑审美、研究能力等，形成合理的智能结构，培养良好的工作作风和职业道德，为以后设计实践打下坚实基础。加强对学生专业的基本理论、基本技能和实际操作能力的培养，从学习实践中，提高学生的专业素质，加深学生对建筑及艺术的理解，提高学生的学习积极性，通过工作实践，激发学生的学习活力，提高学生的竞争实力，培养具有创新能力的有可持续发展思维的设计人才。

民居测绘实践既是全面提高学生专业素质的重要途径，也是参与社会实践的开放性德育课堂，价值和意义不容低估。同时，探索具有中国特色的现代建筑创作之路，就必须善于学习、继承和弘扬祖国优秀文化传统。事实上，当代建筑思潮的发展，已日益注重建筑与环境有机结合，注重建筑组群空间处理，注重尺度及空间构成的人性化，而多元共生的中国传统民居恰恰在这些方面具有突出优势。中国民居以博大广深的地域特征为背景，从属着大自然的人工环境，侧重于表现环境的客观性和外在性，由环境的感性特征引发着美感，散发着浓郁的天然之美，它既强调环境中丰富的心理效应和超凡的审美意境，同时还体现了"自然有大美而不言"的传统哲学及美学思想。我们更应该借鉴与学习它的地域建筑文化特色，传承具有人居生态建筑民居所具有的文化精髓。

如何保护、继承和发扬优秀的生态建筑传统文化，探索既符合时代要求又有中国特色的民居建筑文化，是现代人居环境所面临的主要问题，也是从事相关专业研究人员的责任。多元包容，丰富多样的建筑艺术形式，民居是其中的一种。民居聚落与环境的结合，在功能、构造和艺术的完美统一，独特的形态体系等，是民居建筑的显著地域特色，至今并未失去借鉴价值，值得深入挖掘、研究和弘扬。这些精髓可以通过测绘成果及相关研究揭示出来。

在测绘中，学生经过引导，可深入细致地体验到这一点，这同走马观花式的参观，同简单模仿甚或抄袭国外杂志等形式主义的学习行为相比，对专业素养的提高，无疑更为重要。尤其当前社会形势下，克服浮躁心理，直接参与测绘实践，亲身体验，深入研究，我们将获得更多的收获。

目　录

第1章 中国民居概述

民居是中国建筑史上的一枝独秀,中国疆域辽阔,历史悠久,是一个民族众多、幅员广大的国家,在几千年的历史文化进程中积累了丰富的民居建筑经验。在漫长的农业社会中,生产力水平比较落后,人们为了获得比较理想的栖息环境,以朴素的生态观,顺应自然和以最简便的手法创造了宜人的居住环境。中国民居结合自然、结合气候、因地制宜,以丰富的心理效应和超凡的审美意境散落在国土的各个角落(图1-1)。

● 图1-2 黄土窑洞居住环境(吴昊拍摄)

● 图1-1 陕北窑洞四合院(吴昊拍摄)

● 图1-3 窑洞民居村落结构(吴昊拍摄)

地域辽阔、地形复杂、气候多样,民族众多,文化差异较大,使得中国的传统民居呈现出类型繁多、各放异彩的形态(图1-2、图1-3)。在中国传统建筑形制中,民居作为居住建筑具有自身完整的体系,并有其独特的研究价值。测绘是研究民居的一个重要手段与方法,也是建筑遗产保护最基础、最直接、最可靠的依据。民居测绘是研究传统民居文化的必备环节和基础步骤,同时也是研究传统民居扎实有效的工作方法。要对民居建筑进行系统性研究,并进行实地测绘,首先要了解中国民居建筑的发展历史,掌握其发展脉络,这是测绘前的一项必备环节。

1.1 中国民居建筑发展简述

1.1.1 原始社会居住建筑——自然化、萌芽期

在旧石器时代,人类为了自身的安全和繁衍生息,占据豺狼虎豹的洞穴作为自己的栖身之所,从而出现了先民们最早的居住形式——天然的穴居或巢居。如北京周口店龙骨山发现的"北京人"的天然穴居。到了新石器时代,伴随生产工具的出现,农业取代渔猎和自然采集,人类开始居住在平原、河谷和滨水地带,从而创建了形形色色的各式民居,主要以穴居、半穴居、地面建筑和干栏式建筑的形式出现。

1

1.1.2　夏、商、周、秦的居住建筑——自然化、起步期

夏朝是我国建立的第一个王朝，由于年代久远，现存遗物较少，主要是从一些遗址中发现了居住建筑的痕迹，如内蒙古自治区鄂尔多斯市伊金霍洛旗的朱开沟遗址中发现了这一时期的建筑遗存，主要是半穴居和地面建筑；在山西省夏县东下冯村遗址中，发现了窑洞、半地穴和地面建筑三种类型的居住形式。

商代的居住建筑有了一定的发展，居住建筑建造在有一定高度的夯土基础上，有了木结构支撑柱，并且支撑柱下铺一石块作为柱础，说明了当时的先民们对建筑结构构件受力情况有了一定的了解。

西周和东周时期，由于其统治时期长达八个世纪，各类居住建筑在数量上有所增加，建筑技术也有了长足的进步，但由于结构和材料的简陋，保存下来的遗迹非常少。在《礼仪》中曾记载有东周春秋时期士大夫住宅的平面制式（图1-4）。1979年在陕西省扶风县召陈村发现西周大型居住建筑遗址，现尚存大

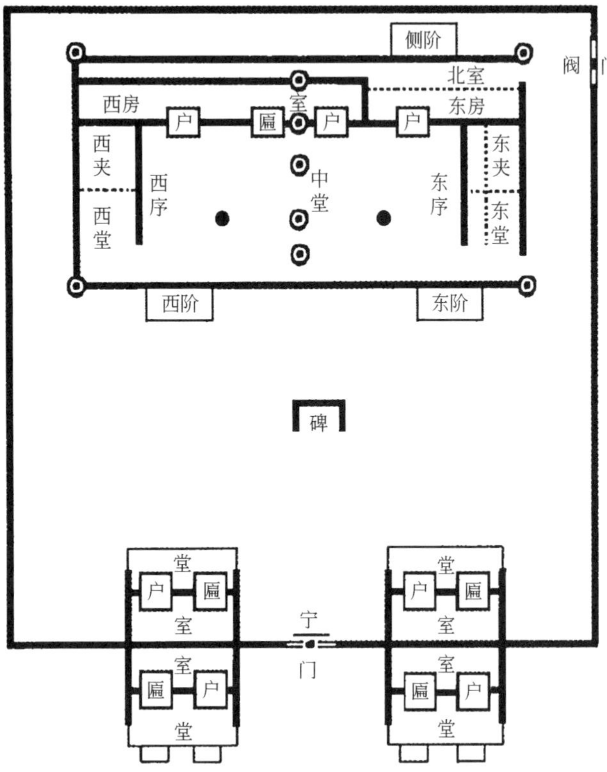

● 图1-4　《礼仪》中士大夫住宅的平面制式（引自《中国民居建筑》）

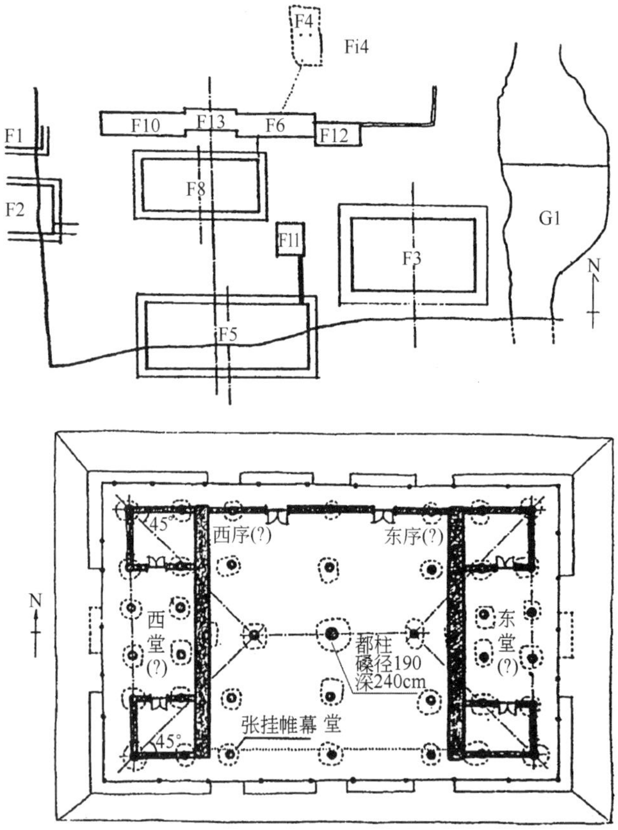

小建筑十五座，时间在西周的早、中期（图1-5）。这两例住宅有许多共同之处，遗址附近发现大量陶制瓦，说明当时陶制建材的生产和应用已有相当的水平。从规模和建筑材料看，与平民民居有很大的差别，此类应属于等级比较高的社会阶层所有。

● 图1-5　陕西省扶风县召陈村发现的西周大型居住建筑遗址（引自《中国民居建筑》）

秦代是我国第一个中央集权的强大帝国，其建筑成就从现存遗迹和文献资料中可见，在公共建筑方面有很高的成就，如举世闻名的阿房宫、万里长城和驰道，但涉及民居的文献和遗迹几乎没有，这还有待于今后的发掘和考证。

1.1.3　汉代的居住建筑——结构体系成熟化、发展期

汉代是我国历史上一个国力强盛、版图辽阔、统治时期长达四百多年的王朝，对其之后王朝的政治、经济和文化的发展起了巨大的推动作用。在建筑方面也是如此，除了雄伟的都城、华丽的宫殿

华逸的苑囿和肃穆的陵墓外，两汉时期的民居建筑也取得了很大的成就。这些民居建筑虽然没有现存的实物，但从两汉时期的壁画、画像砖石、建筑明器、文献资料以及一些遗址发掘中获得了大量的关于民居的信息和资料，证明了当时的民居建筑成就（图 1-6）。

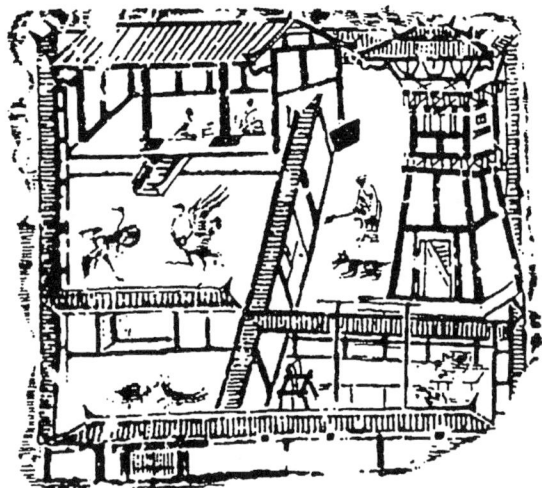

● 图 1-6　成都出土的东汉画像砖上的庭院形式（引自《中国古代建筑史》）

1. 汉代民居的结构形制

从相关的资料分析中可知，汉代民居的结构大多采用木架结构，其形式主要有抬梁式、穿斗式、干栏式和井干式等形式。如四川成都市出土的东汉住宅画像砖，就属于抬梁式木架结构，广州市出土的陶质建筑明器，属于穿斗式建筑形象，在广西、四川和云南等地出土的明器多属于干栏式结构形式（图 1-7）。

2. 汉代民居的平面制式

汉代的居住建筑，较小的平面多为方形、矩形或曲尺形，面阔一间到三间。如河南省洛阳市西郊出土的一处西汉早期民居遗址（图 1-8），边长 13.3m 的正方形四面围以厚 1.15m 的土墙，开有两道门，一道在南壁西端，一道在西墙北侧，均宽为 2m。室内中央偏南遗有六角形石柱础一枚，另沿西墙建土炕（6m×2.5m）一座。体量比较小的民居一般为一层，少数的为两层（或局部为两层），屋顶多为两坡式，正脊两端配有翘起的脊头，用木梁结构者，有的还表现出斗栱及斜撑等辅助构建。从广州出土的一些明器中可见，一些稍大的居住建筑通常将庭院置于两列建筑之间，将建筑合成"U"形。有的住宅在房屋的一侧加建一塔楼，该塔楼比主体的两层建筑更高一层，其建筑造型和装饰部件十分优美，如甘肃武威出土的汉代陶楼明器（图 1-9）。

更高一等级的汉代民居建筑从建筑体量和建筑群体组合上都比上述的更加庞大，如四川省成都市的东汉画像砖所记录的民居建筑，在画像砖上可见民居建筑分为东、西两个区，住宅的主要部分在西区，具有明显的中轴线，并将主厅置于其后端，附属建筑设在东区。像这样的布局形式在汉代的大型王侯墓葬中比较常见。

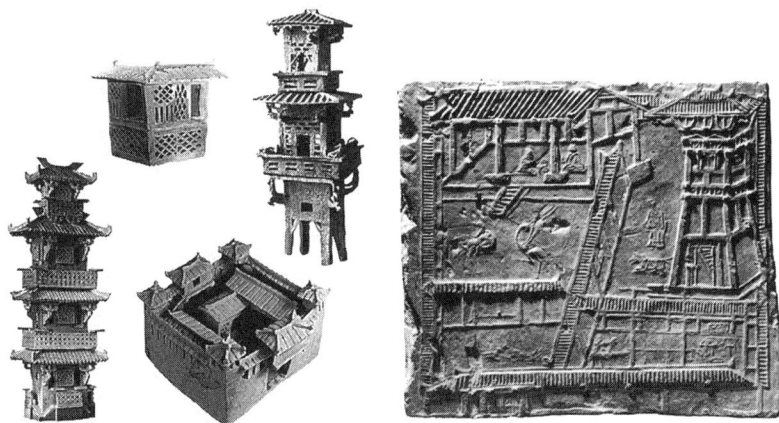

● 图 1-7　汉代明器中的陶楼、陶屋、陶院落和四川成都出土的住宅画像砖（引自《中国民居建筑》）

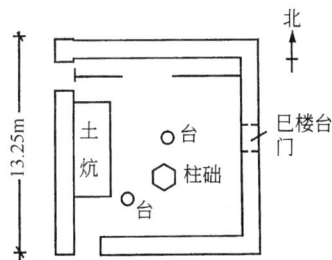

● 图 1-8　河南省洛阳西郊出土的西汉早期民居遗址（引自《考古通讯》1995 年 5 期）

3

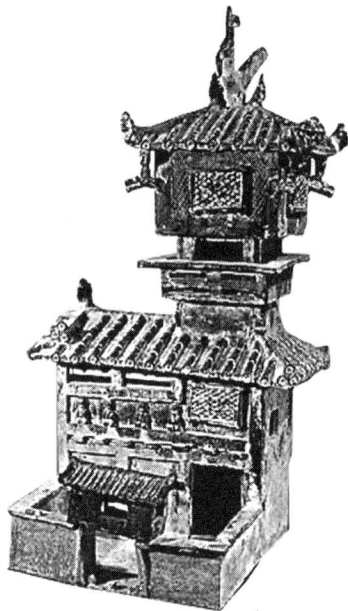

● 图 1-9　甘肃武威出土的汉代陶楼
明器(引自《中国民居建筑》)

汉代的民居建筑除了在几种结构体系上已经基本成熟外，陶质建材在民居建筑上得到了比较普遍的应用，且达到了一定的艺术水准，如瓦当、脊头和各种屋脊装饰构件，另外在门窗的棂格式样上出现了多种组合变化，且运用比较成熟。

1.1.4　魏晋南北朝、隋唐、宋辽金民居建筑——制度化、成熟期

1. 魏晋南北朝民居建筑

魏晋南北朝是中国历史上的一个社会动荡不安、战乱频繁和灾害连年的阶段，在地方豪强的庄园中出现坞堡，敦煌壁画北魏第 257 窟的"须摩提女缘品"故事画中，就有一座富家宅院(图 1-10)，画中比较概括地表示了院门、厅堂、寝、园的布置情况，这幅画正是反映了魏晋南北朝时期的坞堡形象。而作为一般的贫农的居住建筑则显得比较简陋，主要是结草为"蜗庐"，凿坯为"窟室"，过着"农夫燔糟糠，蚕妇乏短褐"的生活。

2. 隋唐时期的民居建筑

隋唐时期，中原基本处于大统一的状态，人们的生活基本稳定并不断得到改善。国家的统一，使得各种规章制度不断完善，其中的营缮制度已经非

● 图 1-10　敦煌壁画北魏第 257 窟的"须摩提女缘品"中的富家宅院(引自《中国民居建筑》)

常严密，建筑形制也成了国家的一种基本制度，对诸侯、大夫、士人甚至平民都制定了严格的房屋制式。从《营缮令》中可以看出，宅第的形制重在控制主体堂舍和门屋，堂舍和门屋都是体现居者的身份地位的，对它们的限制和规定，旨在区分人的等级，但在堂舍的数量和院落的规模上没有严格的限制，这给宅第的规模设置提供了较大的伸缩余地。

里坊制，在汉代都城开始出现，隋唐发展得更加成熟。唐代的长安是在隋代大兴城的基础上继续发展形成的，是当时东方最大的城市，城市方正对称，共划分出一百零八个里坊，每一个里坊都有围墙环绕，城中的大街实行宵禁。在敦煌石窟晚唐第 85 窟北顶的华严经变里将华严城画在莲花中(图 1-11)，周围有城墙与门楼，城内划分为"井"子格状，每一格为一里坊。

● 图 1-11　敦煌石窟晚唐第 85 窟华严城的城市里坊

从西魏到隋唐的敦煌壁画中可以看出，合院布局在不断演变和发展。西魏时期的合院主要有一门一院一堂、一门两院一堂一室、一门一堂一楼和二门

一堂一室两厢的平面布局形式，这些布局形式都是一进或几进庭院，都是前堂后室，且呈轴线对称，这些平面的布局形式及布局规律一直沿用至隋唐。在唐代，出现了三合院和四合院的形式，在庭院的东西两侧布置了东西厢房，由原先的廊庑变为比较实用的厢房，增加了封闭性。在晚唐第85窟法华经变的"穷子喻品"中表现的院落形式最为完整（图1-12），院落为前后院，前院横匾，主院方阔，廊庑围绕四周，在前廊和中廊正中设大门和中门。主院的正中建两层的主屋，主屋与中门、大门呈中轴线对称的规整格局。在主院的右侧设有一个偏院，作为厮院。

● 图1-12 晚唐第85窟法华经变的"穷子喻品"的院落形式

由此可见，在隋唐时期，中国的民居院落正趋于成熟化，也成为中国传统建筑的精华。人们的室内外生活开始互相过渡，互相补充各自的不足，显现了其在功能使用方面的优越性。

在继承了魏晋所崇尚的山川秀美的思想后，唐代出现了大兴宅院、山庄和别墅的热潮，以长安和洛阳最具代表性。唐代的宅院一般有三种形式，一种是以山居为主的宅园形式，一种是宅园，一种是规模比较小的庭院形式。以山居为主的宅园居所，主要依托自然山水，巧借大自然的秀美景色，此种形式以白居易的"庐山草堂"为代表，仰可观山，俯可观泉，侧看可观花草云石，这是当时文人雅士们对大自然美景和幽雅生活的追求和向往。宅园追求的是浓缩的自然景观，将大自然的山石和花草树木纳入自家院内，构成人工山水宅园。此种形式的宅园之后发展成了明清时最为广泛采用的私家园林。

规模较小的庭院，主要是在院落的局部点缀山石和植物，只求近观和细品，"凿破苍苔地，偷他一片天。白云生镜里，明月落阶前。"，杜牧的《盆地》一诗真实地点出了小庭院的意境。

3. 宋辽金时期的民居建筑

宋代是中国封建社会前期向后期过渡的时期，城市、宫殿和寺庙都趋向一定的形制模式，民居的四合院形式在这一时期发展得更加完善，并且有了定型。宋代的《营造法式》更加具体地规定了建筑的等级形制和工程做法，宅第建筑的等级限制达到了相当周密的程度。

宋代商品经济的迅速发展，使得唐代以来形成的里坊制已经无法适应社会和城市的发展，逐渐被淘汰，在宋贞宗时，不得不宣布实行厢制，宅第的里坊布局演变为街巷布局，住宅可以沿街布局，使得商业市厮与民居街坊混杂到一起，形成了熙熙攘攘的线形商业街，这奠定了封建社会后期城市住宅布局的基本格式，也导致了前店后寝的居住形式的衍生和演化。张择端的《清明上河图》非常生动地记录了北宋京都开封街坊面貌（图1-13）。

城市里的官僚和富户的宅第一般为多进式的四合院，且建得十分考究，大多为外建门屋、内带厢房的四合院布局。城中还有一些并不富裕的居户，他们的房屋虽为几进，但相比较之下显得更为简陋一些，多用简单的木构件梁、柱、枋等，没有各种华丽的装饰。宋代城市里的民居与农村的民居差别比较大，不仅表现在结构形式上，主要表现在其空间布局上，与他们的经济和文化也联系密切。农村的住宅大多是两间或三间为一组，形式上比较简单，基本没有什么装饰，这是由他们的经济和文化程度所致，也与他们所从事的生产活动有着密切的关系。这些状况在现存的宋代画作中可以得到印证。

由于历史上的三次大规模的人口南迁，促进了南方的区域经济发展。尤其是在东晋时期，南迁的大多为宗室贵族、官僚地主、文人学者，他们拥有着较高的文化水平和经济实力，大大促进了南方经

● **图 1-13**　张择端《清明上河图》

济和文化的发展，由于受到南方当地的不同风俗文化和自然地理条件等因素的影响，南迁的汉人逐渐融入且分化为不同的、相对独立的民系。到了宋代，南方的越海系、湘赣系、闽海系、客家系和广府系逐渐形成，东南五大民系的地域格局基本定型，且形成了各自不同风格的民居形式，在每个民系中由于受地域地理条件和民俗文化的影响，也出现了不同的民居形式，这也是中国民居建筑丰富多样的关键所在。

民居建筑从严格意义上来讲，指的不只是居住建筑，应该包括与民事活动相关的一系列功能性建筑，如宗祠、戏楼等建筑。宋仁宗时期是宗族制度发展史上的一个重要阶段，在此时期出现了祭祖宗祠的事例，南宋的朱子所著的《家礼·祠堂》中详细地介绍了他重建宗族制度的方案和建立祠堂的方案。通过对安徽黔县宏村汪氏宗祠、福建莆田黄氏宗祠以及福建民间设立族长的事例分析，都揭示了宗祠最早出现于宋代。

这一时期的少数民族居住建筑由于种种原因保存至今的实例几乎没有，只能从一些文献资料中得到信息。此时期的少数民族居住建筑概括一下主要有干栏系民居（百越族）、板屋系民居（古羌族、纳西族、怒族等）、石筑碉房民居（藏族、彝族、羌族等）、木框架体

系民居（维吾尔族）、天幕系民居（蒙古族、哈萨克族）等民居形式。有的少数民族的民居吸收了汉族的建筑技术，在原有民居风格的基础上发展得更为成熟，其建筑艺术和建筑质量也达到了很高的水平。总的来说，少数民族的居住建筑虽然简陋，但它们反映了少数民族的生活状况，是研究民居建筑不可或缺的重要实物资料，这也证明了民居建筑的价值所在。

1.1.5　元明清时期的民居建筑——制度化、定型期

元代是蒙古族统治中国的一个时期，由于常年战乱，经济萧条，民居建筑主要在宋代的基础上稍有渐变，蒙古包建筑在草原地区广泛使用。在官宅上主要沿用宋制，贫民住宅十分简陋。

明清时期是中国封建社会最后的一次大统一和少数民族国家巩固和发展的时期。明的住宅制度继续沿用宋制，并在宋制的基础上做了大量的调整和补充，其住宅制度更加森严，划分更加详细，在建筑类型、开间、构架、斗栱使用、瓦、脊饰、门饰、色彩方面都作了详细而明确的规定，不得逾越（图 1-14）。明清时期，受宗法制度、道德观念（长幼有序、男尊女卑、

兄弟和睦、内外有别)和自给自足农业经济的影响，民居的平面布局、房间构成和规模大小都有所不同。望族世家、官僚士大夫居住的宅第规模大、占地广，且带有私家观赏的园林，而农村的民居只能是三间寒舍。

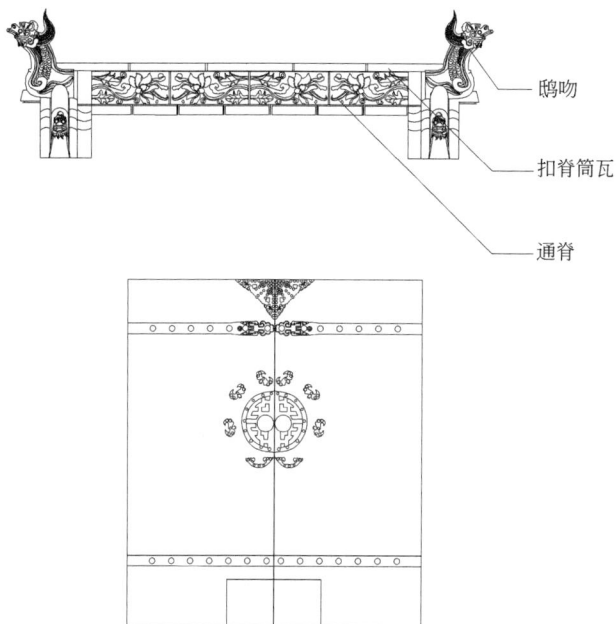

● 图 1-14

这一时期受崇天敬祖思想的影响，在民居设计中，祠堂和祖堂是建造时首先考虑的内容，在祠宅合一的民居中，祖堂的位置必须设在最后一进的正中厅堂，称为后堂，也称为祖堂，后堂的开间、进深和脊高都有一定的尺寸规定。受崇天思想的影响，民居的天井进深、堂高、檐高和脊高的尺寸及做法也有定制，祖堂中，祖先、神祇向前仰视观天，其视线必须高出前堂的正脊高度，在民居营造中称之为"过白"。这一时期的民居建筑还受到风水观念的影响，风水观念对环境来说，主要讲求"觅龙、察砂、观水、点穴"，这是对阴宅来说的；对于阳宅，传统的风水观认为，民居的选址应取山水聚会、藏风得水之地。在风水观中还有一种象征和压邪的思想，如江南、皖南一带民居的马头墙，山墙做成马头状，说明该户家族中曾有人中举，武官用马头状(马头墙)，文官用印章(印石墙)，这是用建筑来炫耀身份地位的方式(图 1-15)。由于传统的民居多为木结构，古人没有较好的防火措施，就采用曲线形

墙(水墙)和金子形(金墙)，这是依照了五行(金、木、水、火、土)相生相克学说，水可压火，金生水，水克火，可见古人是采用天地观念来祈求吉祥平安。

● 图 1-15 徽派建筑的马头墙

到了明清时期，民居类型发生了很大的变化。按照民系来说，北方民系主要以北京官话地区的北京四合院、晋陕官话地区的窄院民居、东北大院为代表。南方民系即越海系、湘赣系、闽海系、客家系和广府系五大民系，其民居类型最主要的是中庭式民居，亦称天井式民居，还有一种是受手工业发展影响而来的两进或三进带从屋的中小型民居，经济文化水平较高的世家、士大夫、文人的住宅则附有庭院、书斋，在城镇中经商的则为前铺后宅或下铺上宅，客家地区的围楼被称为防御式民居(图 1-16)，闽粤东南沿海的封闭圆楼被称为"寨"，还有在闽南、粤东城镇中多见的祀宅合一式民居。在少数民族地区还有许多数量较少的特色民居，如白族的三坊一照壁和四合五天井的民居形式，纳西族的民居形式，即井干式民居，也称为"木楞房"，还有不同地形地貌而形成的水乡民居和山地民居等。

由此可见，明清时期民居形式已经发展的十分成熟，基本定型。由于历史年代不是十分久远，现存的民居实例比比皆是，明代不多见，主要以清代居多。这些传统民居都是中国建筑史上的珍贵遗产和瑰宝，具有极高的历史价值。在商品经济飞速发展的今天，这些珍贵的民居建筑生命正面临着种种

图 1-16 客家围楼

威胁，有的已经遭到毁灭性破坏和重创，保护和传承传统民居建筑已经成为我们的历史重任。

1.2 中国民居建筑的分类

中国幅员辽阔，各地区、各民族的传统民居和乡土建筑异彩纷呈、类型繁多。就民居的分类，籍于发掘和研究的历史条件，对于传统的民居分类有着各种不同说法，有的按行政区域划分，有的按结构形式分，有的按建筑材料分，有的按聚落团组分，这些分法都不是很恰当。本书所要介绍的传统民居分类主要是按照单德启教授在《人与居住环境——中国传统民居聚落基本理论与实践的探索》一文中所提出的分类方法，即以生活在民居中的人的空间活动模式和生活特征来进行分类，就是院落式、楼居式和穴居式三种类型。正如单德启教授所说"这种分类并不理想，也难以包括所有各类民居且又有交叉，但却把当今现存在中国大地分布最广的民居加以概括"。

院落式民居是中国存在最普遍的一类民居形式，其分布也最广，是民居形态中装饰最丰富、建材使用和结构技术最先进、构成因素最丰富的一种类型，其主要特征是封闭式院落呈中轴对称、主次分明、内外分明（图 1-17～图 1-19）。院落式民居主要分布在东北、华北、中原、山东半岛和华南的平原和沿海地区，少数的在其他个别局部地区。

楼居式和穴居式民居受地域地理条件的影响，有着明显的自然生态地域性，是保存原生建筑形态最多的民居形式，主要分布在中国的西南亚热带区和西北黄土高原干旱区。

民居影壁砖雕细部1(吴昊拍摄)   民居门楼槿头细部2(吴昊拍摄)   民居影壁砖雕细部3(吴昊拍摄)

图 1-17

● 图1-18 民居门楼墀头构造(吴昊拍摄)

● 图1-19 门各局部大样图

第2章　中国民居建筑形制与形态

中国民居的种类繁多，其建筑形制也是多种多样，由于受到篇幅和本书主体内容的限制，民居建筑形制与形态方面的内容就不再过多介绍，本书主要以民居中最常见、使用最普遍、分布最广泛的北方院落式民居为代表进行阐述。

2.1 中国民居院落的构成要素与功能分析

中国民居院落的规模和形式多种多样，但其构成元素大致相同，主要有院落、正房、厅房、厢房、倒座、耳房、仪门、宅门、影壁等九个主要部分，对于前后串联式和左右并联院落以及组合院落还有厅房、转扇和二道门，正是由这些基本构成元素和其宏大的规模造就了中国特色的院落式民居(图2-1)。

2.1.1 院落

院落在中国出现很早，早在3100年前西周时期的陕西扶风凤雏村的周原两进四合院遗址(图2-2)。汉代民居规整式院落布局已很普遍，明清时期，规整式的院落民居形式得到普及和充分的发展。

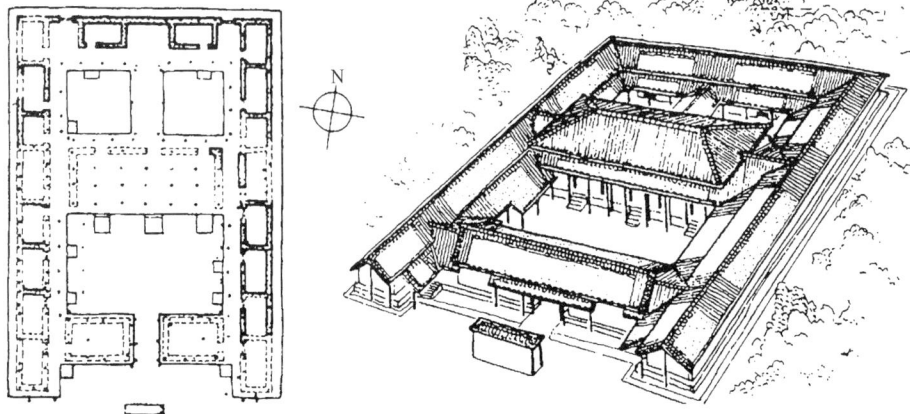

● 图2-1　北京四合院(引自《中国古代建筑史》)
1—宅门；2—倒座；3—影壁；4—垂花门(仪门)；5—东厢房；6—厅房；7—庭院；8—正房；9—跨院；10—西厢房；11—游廊；12—耳房

院落式民居有四合院、三合院以及四合院和三合院的组合式院落。内院是由正房、厢房、倒座、厅房围和而成的空间，基本呈长方或正方形空间，以青砖墁地，它是院落平面组织的中心，其设置尺寸在物理作用上满足各房间的采光与通风的要求。在使用功能上主要是家务劳作、休息聊天、接客待友和烧纸敬神的场所，其重要性与房屋建筑是完全相同的。院落的绿化在不同的地域条件和不同的经济

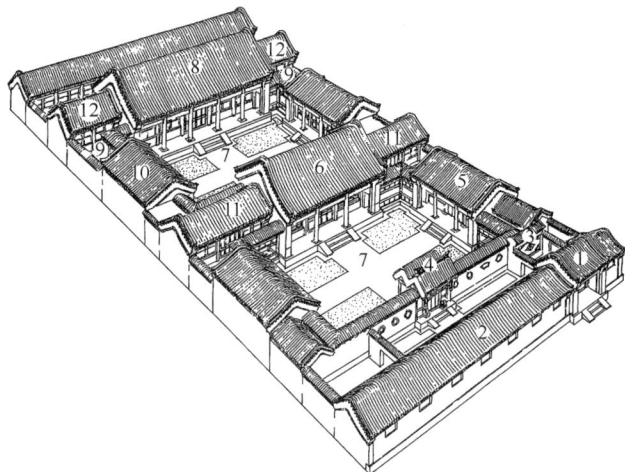

● 图2-2　陕西扶风凤雏村的周原两进四合院遗址(引自《中国古代建筑史》)

文化水平的影响下，有的树木繁多茂密，有的只三棵五棵用来点景，有的受其院落空间的限制则没有绿化。从功能需求、人的心理需求和思想感情出发要求有这种过渡性空间环境的存在。

2.1.2　正房

正房是民居四合院的主体建筑，大多建在 0.5～0.7m 高的地台之上，比厢房的台阶要高，在强调其主体性的同时，还起到防水倒灌的作用。正房坐北朝南，位于院落中轴线最显要的位置，是整个院落的主体建筑。无论是进深、高度、装饰及工程质量都是整个院落之首。一般的院落正房为三开间，但其进深比较大，为院落主人提供了较大的使用空间，常用隔扇、落地罩、栏杆罩等各式隔断墙分隔。正房一般供长者使用。正房因住家的经济条件，其形式有所不同，耳（窑）房的有无也依经济条件而定，是全家团聚和议事的重要场所，也是家中长辈居住的地方。在陕北，富者在正窑前建造有檐柱的木构架穿廊（图 2-3），既遮风雨又起装饰作用，显示主人的地位；或在窑顶建砖木硬山式阁楼，或做绣楼，或做祭祖祠堂。

● 图 2-3　陕北窑洞四合院的正窑（资料来源：李建勇摄）

2.1.3　厢房

厢房位于内院与主轴线垂直的副轴线上，多为单层三开间，为砖木青瓦单坡和双坡硬山式厢房，个别的有卷棚式屋顶，单坡式厢房源自陕西

关中地区"房子半边盖"的民居建筑形式，此种建筑形式在晋中的四合院中亦多见。厢房的进深、开间、高度都小于正房。厢房与正房一样建在台基之上，台基高度在 0.15～0.30m 之间，比正房的台基低。其装饰与正房大同小异，主要体现在屋脊、墀头和门窗上。双坡硬山式厢房大多比较简单，较大院落中的厢房则不同，如陕北米脂县北大街 51 号高家院落的厢房就属此种形式，有檐柱穿廊，装饰比较华丽（图 2-4）。厢房一般供晚辈们居住，东厢房受夏日西晒的影响比较大，居住其中很不舒适。

● 图 2-4　陕北米脂县北大街 51 号高家院落的厢房（资料来源：李建勇摄）

2.1.4　倒座房

四合院外院南面的房屋称之为倒座房，因为它与内院的正房方向相反，倒着座（图 2-5）。倒座房背临街道，一般朝街的立面不开窗，有的开比较小的窗，且水平位置比较高，街上的行人不能窥见其内部状况，可保护自家的隐私，而在面向院内的立面开设面阔的门窗，其进深比正房要浅，一般用作客厅、账房、书房或是家仆房。倒座多为单层青瓦双坡硬山式木构建筑形式，一般为三开间，大型院落多为五开间，左右各设一小耳房，中间三间有檐柱穿廊，檐下又木雕雀替和雕花斗栱做装饰。檐下形成一长方形空间，遮风挡雨，可做家务活和休息之处。有的倒座房与宅门结合在一起，宅门位于倒座房的中间，也位于院落的中轴线上（图 2-6）。

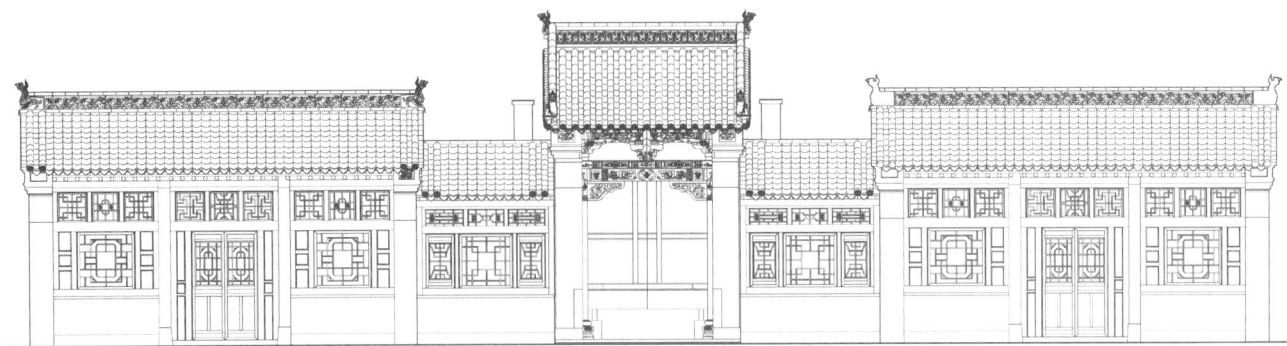

● 图 2-5　常家院倒座房正立面图

● 图 2-6　设有宅门的倒座房 (资料来源：李建勇摄)

● 图 2-7　陕北米脂县西大街 35 号高家院落的厅窑 (资料来源：贾伟伟绘)

2.1.5　厅房

厅房主要出现在前后串联式院落中，是连接前院和后院的连接枢纽和接客待友的空间。在串联式院落中以厅窑的形式出现的院落为数不多，多数是以厅房的形式出现。陕北米脂县城西大街 35 号高家大院就是以厅窑的形式出现的院落，其厅窑结构形式极具特点，为三开间单层窑洞，窑顶为青瓦双坡硬山式顶，有别于其他窑洞的夯土平顶。单层窑洞配青瓦双坡硬山式顶是特色之一，更具特色的是其内部空间，由双拱十字交叉而形成的双拱空间，且横向拱券比纵向拱券要大，窑洞与窑洞也是用较小的拱洞相连接，形成窑窑相连的独特室内空间 (图 2-7)。

2.1.6　耳房

在正房两侧山墙之外，紧接着建一间或两间进深、开间小于正房的房屋叫耳房，建造较早的耳房有自己的山墙，后期建造的耳房一般与正房共用一道山墙。单间的耳房从正房进入，一般称作套间，两开间的耳房除了与正房相通外，通常还开设与院子相通的单独门。耳房前有一个小院称作"跨院"，也称为"露地"，别有洞天，十分幽雅。在陕北的一些大型窑洞四合院中，在正窑的两侧也设有耳窑，"明五暗四"说法中的"明五"，指的是五开间的正窑，"暗四"指的是耳房，在当地被称作耳窑。耳窑通常有一开间与正窑方向一致，坐南朝北，而有一间耳窑是与厢房的方向一致，其用途主要是储藏。

2.1.7　宅门

宅门又称大门，是院落式民居的"门面"，最能显示宅主的形象和地位，成为一个家庭、家族的代表与象征，带有封建社会等级差别的印记。人们在它上面花大气力，费大工夫去装饰和美化，为院落主人争得脸面，彰显身份地位，具有交通和闭藏的双重功能，且在门上附会着不同的习俗和信仰 (图 2-8)。

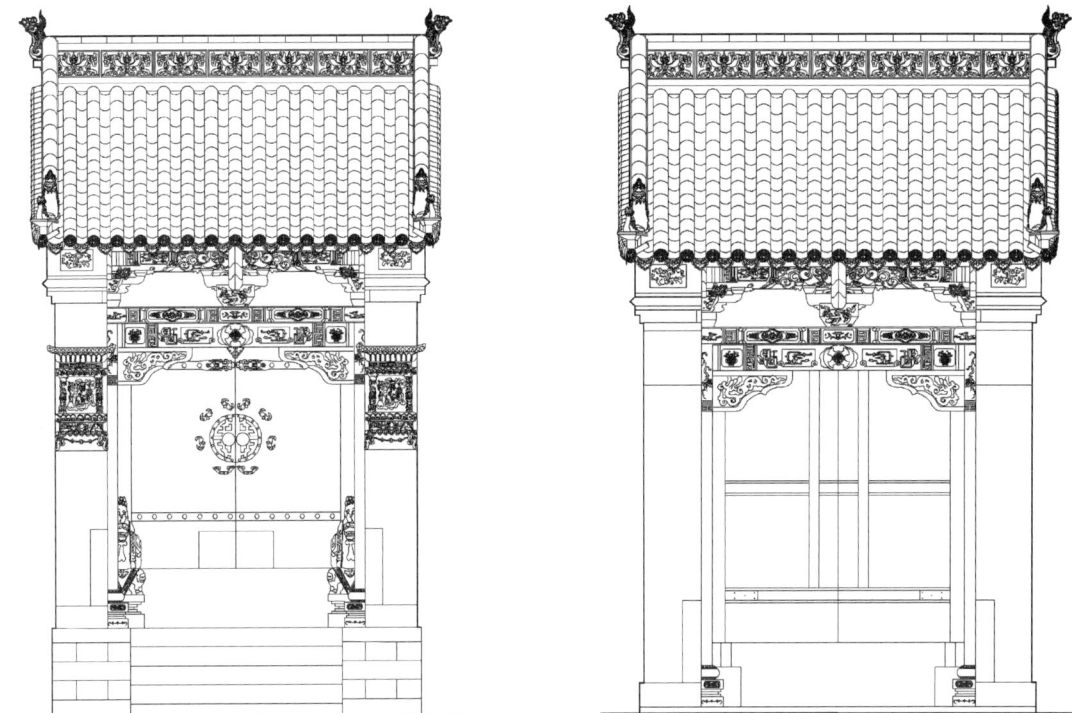

前院大门正立面-背立面

● 图 2-8　常家院前院大门正立面背立面

《相宅经纂》认为："宅之凶吉全在大门……宅之受气与门犹人之受气之口，故大门名曰气口……"宅门是院落的出入口，可进财源喜气，也可进灾祸，风水学上对其方位和朝向有严格的要求，设置在院落的东南方位，个别受地势和街巷的影响而另有方位。

宅门的样式通常有两种，一种是木石、木砖结构的两坡硬山门楼式大门，也称为独立式随墙大门（图 2-9），一种是以倒座的拱窑中的一孔为大门，称"洞子门"，为门洞式大门（图 2-10）。两坡硬山门楼式大门是窑洞古城使用最多的一种样式，它通常使用在倒座与厅房的一侧或院墙的中间，单开间，大门的前檐和后檐常用斗栱出挑，或做垂莲柱，额枋、斗栱、柁墩、雀替都做了精美的装饰，或做彩绘装饰，或做雕刻装饰，门额题写宅名，内容丰富，如

● 图 2-9　陕北米脂县某宅门（资料来源：李建勇摄）

● 图 2-10　洞子门（资料来源：李建勇摄）

"武魁"、"进士"、"大夫第"、"福禄寿"、"德寿轩"、
"树德务滋"、"清雅贤居"等。门扇通常为黑漆素
面，且钉各种纹饰的铁片，以如意头居多，保护门
扇而且装饰美观(图2-11、图2-12)。

居民门楼题词(吴昊拍摄)

居民门楼木雕装饰(吴昊拍摄)

● 图2-11

● 图2-13　不同历史年代的宅门(资料
来源：李建勇摄)

● 图2-12

门洞式大门，在陕北米脂县窑洞古城有许多，
各具特色。有的装饰简单，也有的装饰华丽。还有
许多特色的宅门(图2-13)，多样的形式反映了不同
历史年代的文化背景。

2.1.8　仪门

仪门，一般设在二进式院落的前院和后院之间，

或上院和下院之间，所以又称为中门或屏门，有的也
称之为垂花门(图2-14)。陕北米脂窑洞古城院落的仪
门设置了两道门板，人要过仪门进入后院，必须要转
身绕过二道门才能进入后院，所以又称其为转扇。宋
朝司马光的《涑水家仪》讲到："内外不共井，不共浴
室，不共厕。男治外事，女治内事。男女昼无故不处私
室，妇人无故不窥中门。男子夜行以烛，妇人有故出
门，必拥蔽其面。男仆非有缮修及有大故，不入中门，
入中门，妇人必避之，不可避，亦必以袖遮其面。女仆
无故不出中门，有故出门，亦必拥蔽其面。"可见，仪
门成为传统的规范人们礼仪伦理观念和行为的界碑，
明确着家庭成员人的关系，应合着儒家"中者，天下

之正道；庸者，天下之定理"的社会伦理道德之说。所以，仪门如此庄重，不能随意开启，更不可残缺。

● 图 2-14　垂花门(资料来源：李建勇摄)

仪门，从其用材上看，可以分为木构式和砖砌式两种。

木构式仪门主要依靠四根立柱作为支撑结构(图 2-15)，前两根立柱下做门墩石，依靠门墩石和两侧墙体将其固定，此处设第一道门。后两根立柱下做柱础，起固定作用，设第二道门(图 2-16)。运用抬梁式木结构做出门楼顶的双坡构架，门楼前檐下做木雕垂花、花板、雀替、梁托等装饰。木构式仪门的顶通常为卷棚式。砖砌式仪门主要以青砖砌

● 图 2-15　木构式仪门(资料来源：李建勇摄)

筑(图 2-17)，青砖墙体代替木构式仪门的前两根立柱，后两根仍为木立柱。由于青砖墙体代替木立柱，门楼的正面主要用砖雕进行装饰，有砖雕斗栱、砖雕门楣、砖雕垂花等，所以没有各种木雕装饰，只是个别题有门匾。砖砌式仪门的后半部分与木构式仪门的大致相同，其顶通常也为卷棚式。

● 图 2-16　柱顶石(白家大院)

● 图 2-17　砖砌式仪门(资料来源：李建勇摄)

2.1.9　影壁

影壁是一种特殊的墙体，是一道独立的短墙，位置设在院落宅门的内侧正对处，讲究一点的院落，宅门的外侧正对处也设一道影壁，受院落建筑和宅门方位的影响，有的影壁设在厢房的山墙上(图 2-18)和在宅门的两侧。

● 图 2-18 山墙上的影壁(资料来源:
李建勇摄)

影壁不论设在门外门里，都与进出的人打照面，所以又称照壁，成为进出宅门的第一道景观。其功能一方面遮挡街巷行人的视线，起到"隐"的作用，另外也是炫耀家门气派的手段，所以影壁成为建筑装饰的重点部位。影壁一般用青砖砌筑，所以其装饰多用砖雕，且内容十分丰富，砖雕的斗栱、脊梁、吻兽、蝙蝠角饰、花鸟山石、富禄寿喜等；雕饰的手法多样，有浮雕、深雕等。

例如，陕北米脂窑洞古城院落的照壁，其中心有一个神龛(图 2-19、图 2-20)，里面供奉土地爷，

大多不放塑像，仅用红纸写上"土地爷"贴在神龛里，表示对土地爷的崇敬和祭祀，形成独特的文化内涵和地域特征。影壁的大小和讲究程度主要依据宅主的经济实力而定，主要区别在影壁的尺度大小和装饰的繁简上。在米脂窑洞古城有一特别影壁，上宽下小(图 2-21)，除檐口和脊饰用青砖、青瓦、砖雕脊梁外和吻兽外，壁身、壁座全用灰色砂岩雕刻而成，狮子滚绣球、寿桃、寿星、童子、八仙、牡丹、对联等各种吉祥图案的雕刻琳琅满目，堪称一绝。

● 图 2-20 民居影壁砖雕细部 2(吴昊拍摄)

● 图 2-19 设神龛的影壁(资料来源：李建勇摄)

● 图 2-21 砂岩影壁(资料来源：李建勇摄)

2.2　中国民居院落空间形态

由于受社会制度、家庭组织、文化习俗、生产生活方式和自然条件的影响，民居院落的总体布局和平面组合上呈现出各种各样的空间形态特征，起主导作用的是院落的平面布局。

2.2.1　民居院落外围空间形态——民居聚落选址

中国传统民居聚落，无论就选址、布局和构成以及单栋建筑的空间、结构和材料等等，处处体现着因地制宜、因山就势、相地构屋、就地取材和因材施工的营建思想。中国先期的哲学家、思想家老子用"人法地，地法天，天法道，道法自然"来阐明人类生存的大道与规律，即取法于天地自然。中国古代的思想家管仲又认为"凡立国都，非于大山之下，必于广川之上，高毋近阜而水用足，下毋近水而沟防省……。"这些都记录了古代聚居建造与环境认识的关系。

风水学是中国古代关于建筑环境设计的理论，是建筑活动中的指导原则和实用操作技术。中国风水探求聚落和建筑的择地、方位、布局与天道自然、人类命运的协调关系，恰是风水学的人与自然融合，即"天人合一"的原则，排斥人类行为对自然环境的破坏，注重人类对自然环境的保护。

儒家的"天人合一"注重建筑环境的人伦道德之审美文化内涵的表达，追求建筑与环境的统一和谐以及建筑平面布局和空间组织结构的群体性、集中性、秩序性和教化性。从传统民居的装饰和细部处理看，多以历史典故、神话传说、民间习俗为题材，常用人们熟知的人物图案，以达到道德教化的目的。道家的"天人合一"追求一种模拟自然的淡雅质朴之美，注重对自然的直接因借，与山水环境契合无间，如云南的丽江古城，生于自然，融入环

境，借山水之势，布局自由，房屋建筑沿地势高低排列组合，宛若天成，给人以自然质朴、舒旷悠远之美感。

2.2.2　院落空间序列的开端

走在传统民居聚落的街道上，给人印象最深的就是，整面高高的墙壁和宅门间隔式的排列，且宅门略突出墙壁。给人一种庭院深深的幽静感和神秘感，使人想探究墙壁和宅门里到底是怎样的天地。院落的入口，宅门以及宅门形成的"场"就是院落空间序列的开端，是院内院外联系交流的点空间，也是院内院外空间的瓶颈，它保持了内外各自的秩序和约束力(图 2-22)。

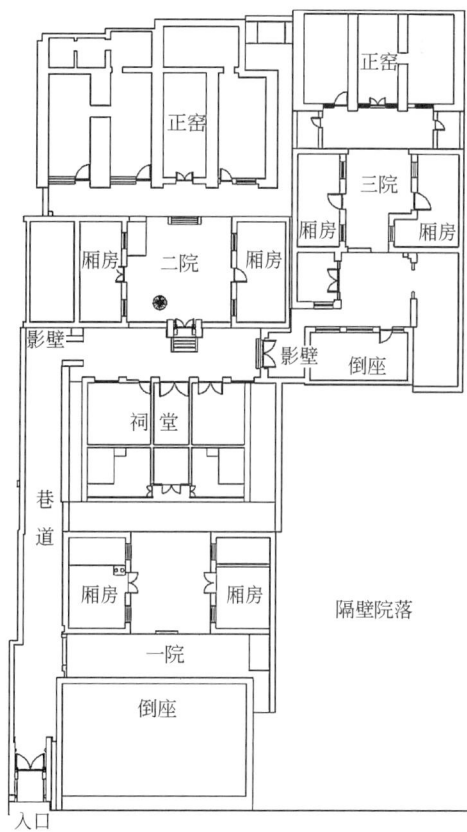

● 图 2-22　四合院平面图

2.2.3　过渡空间

进入宅门，是由宅门与照壁围合的一个比较小的空间，它没有实际的功能，而在人们的心理空间

认知上，它起到了一个从街道空间到外院空间的过渡和空间转换作用，形成一个心理过渡空间，也就是现代建筑理论中所说的"灰空间"。此过渡空间虽小，但有景可赏，就是装饰精美的照壁——这一空间的景观主体。从景观的意义上说，它是一个端景，增加了空间的视觉层次和趣味性以及其装饰的艺术性满足了使用者的心理需求。通过过渡空间的缓冲，增加了院内外的空间层次，不至于让人感觉院内外的空间尺度变化过大，而产生突然感。

2.2.4　外紧内松

通过过渡空间，可进入外院，外院是由倒座和厢房的山墙和仪门围合而成的一个较小的窄长空间，此空间没有实际功能意义，只是由宅门进入内院的一个交通上的转换空间，为倒座的使用者提供一个较小的活动空间，从一定意义上说也属于一个过渡空间，所以显得比较紧凑而有秩序。经外院进入内院，内院是主人各种家庭活动的主要室外空间，是整个院落室外空间的核心，也是连接正房和厢房的重要交通空间，所以尺度上需要相对宽敞，也为正房和厢房提供了充足的光照，在内院空间引入自然环境因素，点石、布景，使得空间优美而又生机盎然，较大的内院则种树庇荫，造山理水，精心布置，寻求自然的生活乐趣。从正房和厢房的纵向尺度与内院的横向尺度分析，内院围合的空间尺度感更符合了使用者的心理需求，给人一种怡人的感觉。

由此可见，外院和内院给人一种外紧内松的感觉，从布局上符合院落空间的功能需求，有紧有松，有窄有敞，使得院落空间层次丰富。

2.2.5　檐下空间和室内空间

在正房的前下方有一台基，正房带有穿廊，形成一个檐下空间，此空间既区别于封闭的室内空间，又有别于开敞内院空间，是由内院进入室内空间的过渡性"灰空间"，既提升了正房的高度，又增加了空间的层次感。有穿廊的檐下空间，其穿廊的存在，增加了建筑的光影变化，丰富了空间视觉层次，由于光影的变化，把时间引入了院落的空间序列，产生了动静结合的空间效果。

经檐下空间进入正房的室内空间，这是整个院落空间的精神中心，院落中心主轴线的末端，正房为三开间，沿中轴线左右对称。在由多个院落单元组合的大型宅院中，一般有大小不同的厅堂若干个，按照功能和位置的不同，可以分为主厅、侧厅、书厅以及前厅和后厅等。主厅一般用于敬神祭祖、举行婚丧寿庆、宴请宾客、接待亲朋好友的活动场所。厅堂空间一般不设前后檐墙，有的在前后装有可拆卸的镂空花隔扇，形成可通可隔、半封闭、半开敞的灵活空间。在多进式的院落中，有的厅堂后部完全向后开敞，仅以镂空花格隔断遮挡，使得内院和后院前后贯通。有的厅堂为了突出其地位，在主厅堂前建造一前厅，也构成了进入主厅堂的过渡空间，有的富家大户还在主厅堂的后面建造一后厅，被称之为后轩。更增加了庭院深深地感觉和显示主人的财力和地位。

2.2.6　步步高升

从民居院落的整体布局和高程看，沿中轴线由街道经宅门进入外院，需要上几级踏步，经过仪门进入内院，也需要上几级踏步，由内院进入正房，也需要上几级踏步，整个院落空间的地坪标高呈上升趋势，主要通过一层层上升的台阶来体现这一空间上升的变化，从功能层次上有利于民居院落的排水，从精神层次上反映了宅主希望本家族步步高升的精神需求(图 2-23)。

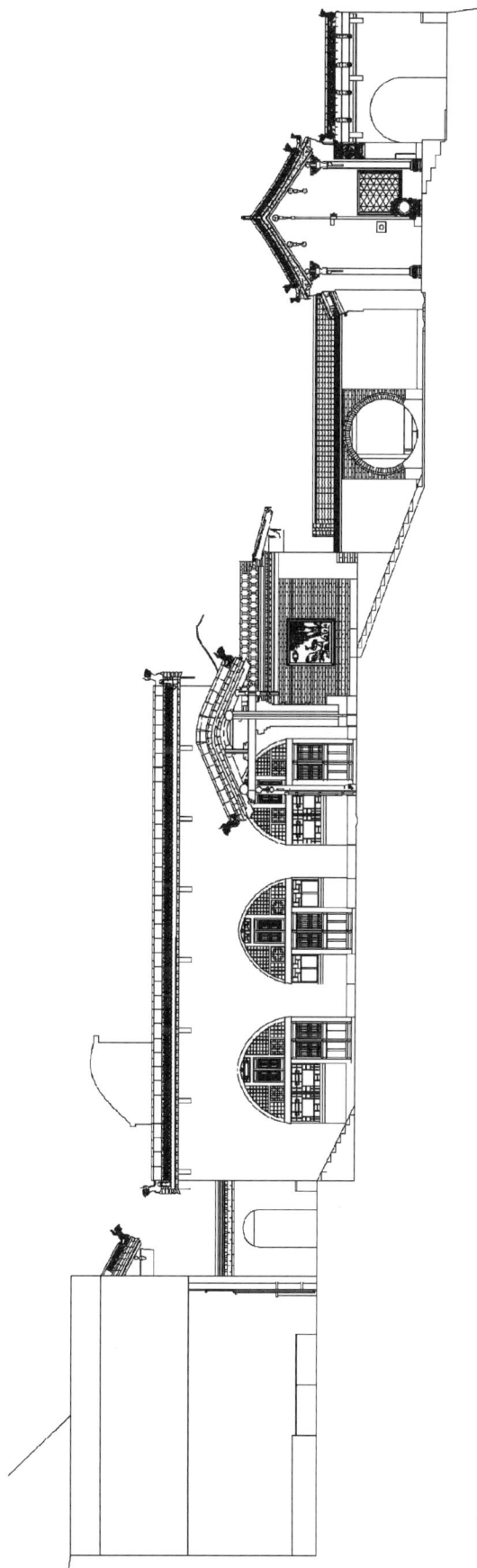

图 2-23　陕北米脂县常氏庄园剖面图

| 第3章 民居测绘的概念、意义和基本知识 |

民居的典型四合院格局使中国民居大多呈规整式中轴对称布局。一般院落分前后两院，居中的正房最为尊崇，是举行家庭礼的重要场所，院落中房屋朝向院内，以庭院相连接（图3-1）。这种布局特征是中国封建社会宗法观念和家庭制度在民居建筑上的具体表现，庭院方正、尺度合宜、宁静亲切、花木井然，是十分理想的生活空间（图3-2）。

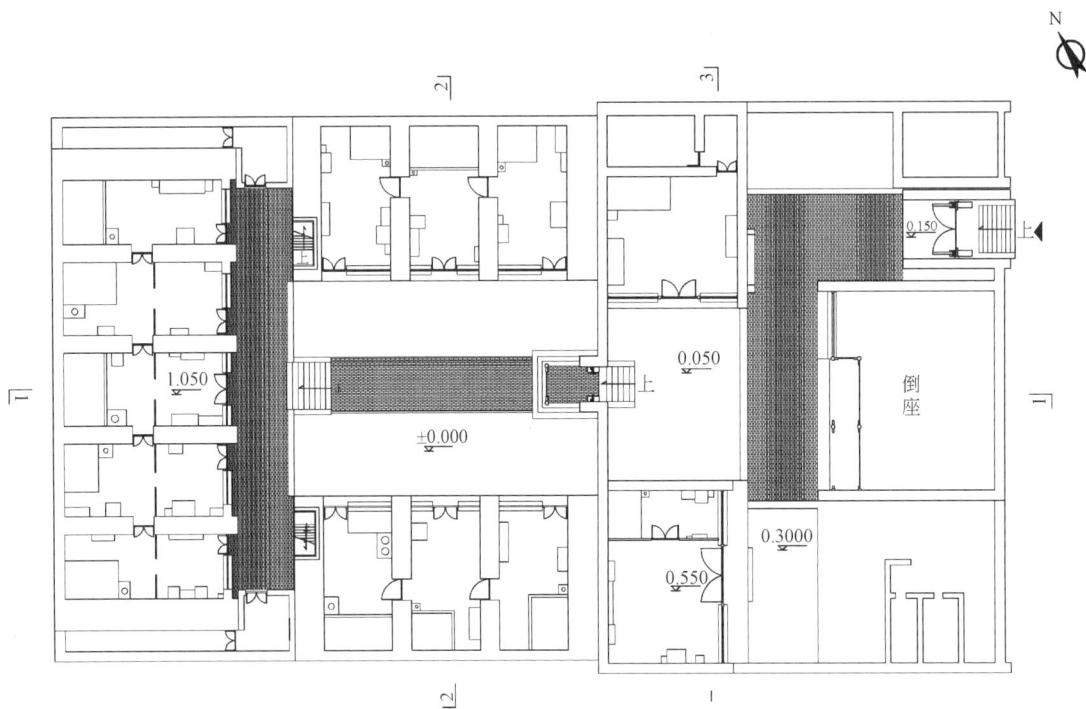

● 图3-1 东大街32号院平面

● 图3-2 陕北民居（资料来源：海继平绘）

在经济飞速发展的今天，传统民居大部分渐渐消失。作为文化遗产，民居具有重要的研究价值，研究民居、收集相关民居的资料，向历史学习，向前人学习，是获取知识的重要来源。测量民居，使其成为一套完备的科学记录档案，能够为相关专业研究人员及同类专业的学生提供参考资料。民居是中国传统建筑中最生态、最朴实、最生活化、最人性化的建筑类型，其生态性和可持续性表现得最为突出。我国民居丰富多样，根据不同地区具有典型地域特点，在建筑领域里独树一帜，无论是作为个体，还是作为聚落群体，都有其独特的美学价值（图3-3～图3-5）。

● 图 3-3　民居聚落(资料来源：海继平摄)

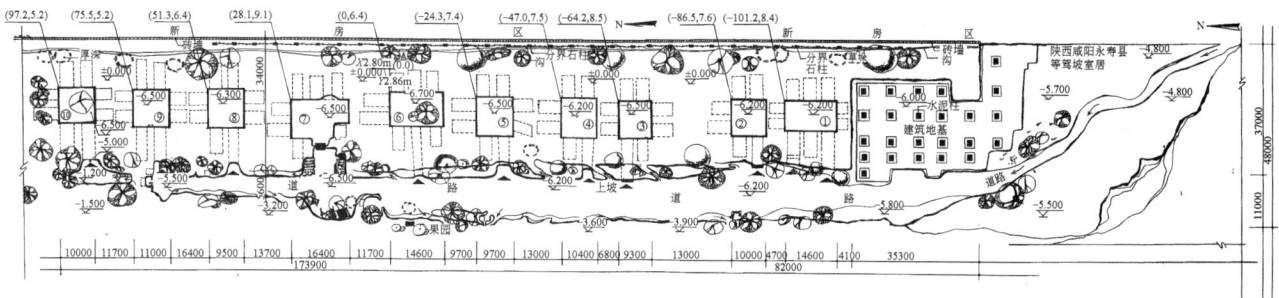

● 图 3-4　总平面

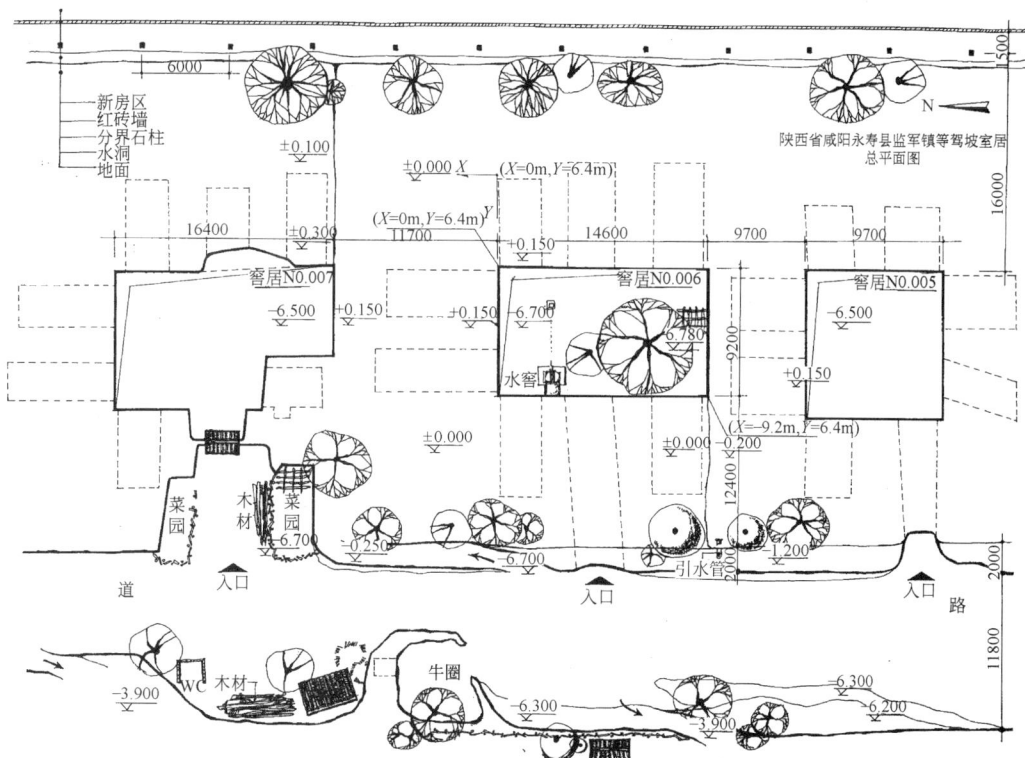

● 图 3-5　院落总平面图

3.1　民居测绘的概念和意义

3.1.1　民居测绘的概念

1. 提供有效的测绘数据及档案记录

由于民居在使用过程中的自然损耗，风雨的侵

蚀，自然灾害如火灾、地震、水灾等因素，加上战乱、人为的破坏因素，绝大多数民居建筑已经消失，或者残破不堪，或者就地拆除。然而今天仍有不少的民居还遗留下来，虽然经过岁月历史的冲刷和消耗，有不同程度的破坏，但其形制与规模基本完好，依然矗立在中国辽阔的土地上，成为今天人类的宝贵财富供我们去研究与享受（图3-6、图3-7）。

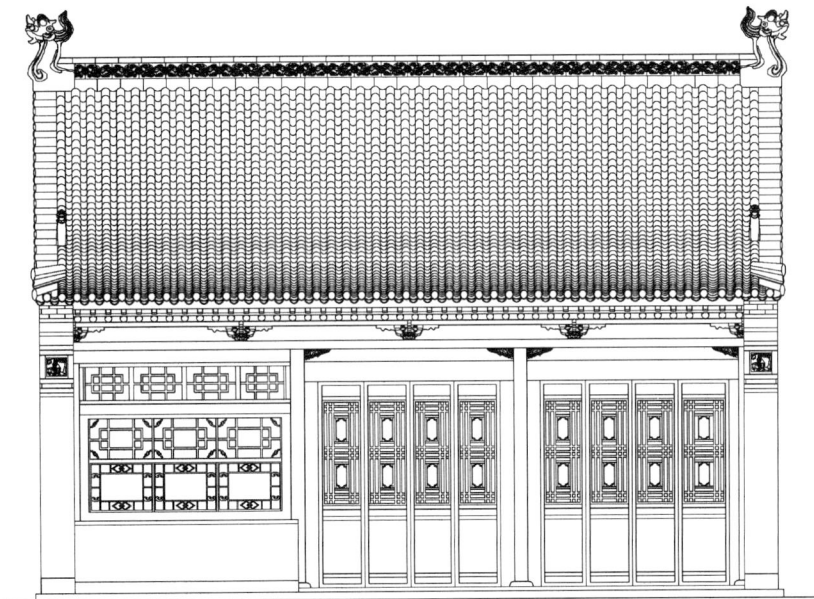

● 图3-6　东大街32号院　倒座正立面

● 图3-7　东大街32号院　大门

民居作为建筑遗产的一部分，在当今历史发展阶段具有重要意义，也是占比重很大的传统文化遗产。关于民居的测绘，对其进行遗产的保护，除了要长期的保养和维护，另外还要进行定期的维修和加固，使其保持长久健康的状态。为了定期的加固维修，没有相关的数据资料和科学的记录档案是不行的，科学的测绘数据及记录档案是最基本的最可靠的依据，它能够保障修缮工作科学、有效的进行。

2. 测绘的主要内容与手段

测绘是我们研究及发掘民居文化的一个重要手段，通过对其勘察、测绘与整理，可以了解它的建造格局、营造特点、文脉特征及文化背景。民居测绘不仅仅是简单的数据收集与整理，通过实地测绘，进行现场踏勘与采访，查阅文献资料可以获得详尽、完整的相关背景研究资料。

民居的测绘主要是测量不同位置建筑及构筑物的形状、大小和空间位置。比如说其正房、厢房、倒座、耳房、院门等建筑，并在此基础上绘制相应的平、立、剖面图纸，这是测量民居的主要内容。随着文化遗产保护理论和实践的发展以及测绘技术的革命性变革，测绘的技术与手段将进一步提高，将不断符合未来发展的趋势（图3-8～图3-11）。

民居的测绘较于其他古建筑的测绘要简单些，一般情况下，民居都为一层或两层，建筑竖向规模不大，运用简单的传统建筑测绘方法进行测绘即可完成。测量过程中需进行有关人文信息的采集、测量、更新、管理与整理，利用科学的技术手段将其记录下来。主要内容包括坐标系统的建立、图纸的编制、工程测量和测量误差处理等方面。民居的

测绘从技术上可归入测绘学科分支中的建筑工程测量，是对传统民居的相关几何、物理、人文信息适时地进行采集、测量、处理、显示、管理、更新和利用的技术性活动，是建立建筑遗产记录档案工作的重要组成部分，其成果主要用于民居建筑遗产的研究评估、管理维护、保护规划与设计、保护工程实施及修缮、周边环境的建筑控制以及教育、展示和宣传等诸多方面。

垂花门正立面　　　　　　　　　垂花门侧立面

● 图 3-8　东大街 32 号院　垂花门

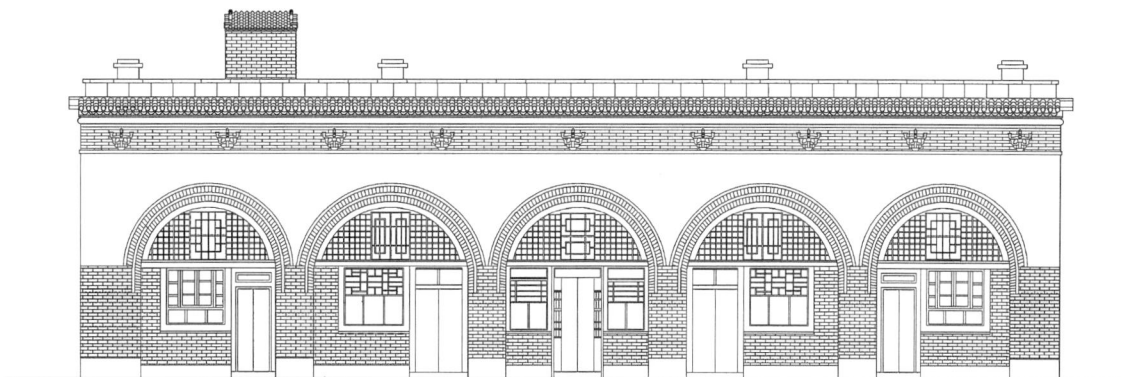

● 图 3-9　东大街 32 号院　主窑正立面

● 图 3-10　东大街 32 号院　横剖面

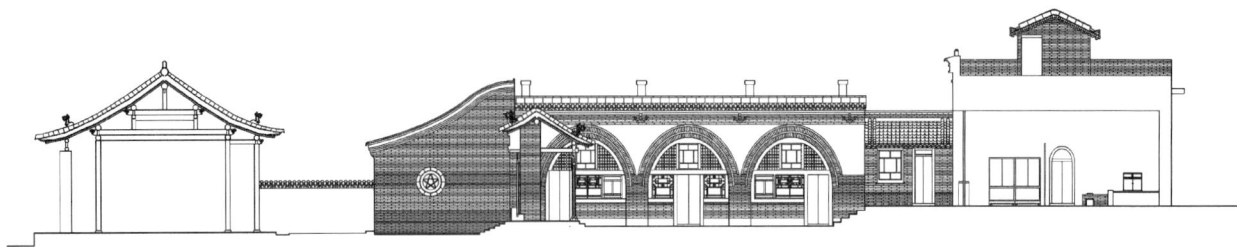

● 图3-11 东大街32号院 纵剖面

民居建筑的测绘不仅仅停留在建筑实体物理测量的技术知识手段上，作为对历史建筑的记录测量，它包含着对民居建筑文化在技术与艺术方面的体验、认知、理解、探究、甄别、发现和评价，包含着对传统民居建筑文化精神层面意蕴的理解，它是民居建筑艺术的再现与表达。它不完全是被动的描摹，而是融汇着价值判断和信息取舍，因此，仅仅掌握测量技术实际是无法完全胜任这项工作的。它更要求熟悉测绘对象的相关形式特征、语汇和历史、结构及构造知识。反过来，它又能使参与者得到各方面的综合训练和再认知，包括在技能和综合修养上得到提升。

3. 测绘成果的计算机辅助设计

近年来，传统建筑测绘在计算机辅助成图等方面的应用进步很大，并且发生着深刻的变革，尤其是计算机技术和信息技术使其内涵更加丰富，对测绘后期成果的制作有相当大的帮助。在常规的测量和制图外，建筑测绘数据和信息的数据库、地理信息系统、管理系统、卫星航拍、数码摄像技术等内容与计算机技术联合起来，使测绘成果更方便，形式更为丰富多样，凸显出综合性、跨专业的特点。例如，一个带有雕刻图案的不规则部件，在现场只需量出它的长和宽，无须测量它的图形尺寸，用数码照相机尽可能拍出它的正投影，然后输入计算机里，把它描摹出来，再用实际测量的尺寸放样出来即可。测绘工作中更应注重系统性、动态性、多样性和规范化。实地测量只是测绘工作的一部分而已，大量的成果需结合计算机辅助设计才能更高更好地完成（图3-12）。

● 图3-12 民居木结构细部（吴昊拍摄）

3.1.2 民居测绘的意义

1. 挖掘传统民居文化及生活方式

关于民居建筑的测绘不仅仅停留在建筑实体的物质文化遗产的基础上，在测绘实践过程中，通过体验、认知、理解、探究以及访问，挖掘其非物质文化遗产方面的东西，从中了解当地人的居住特点、生活习惯、地域风情及民族习俗等情况。在调研过程中，还能了解到民居所反映的使用者的思想感情、生活状态、观念形态、处世哲学和审美情趣等。

这对于进一步研究民居，挖掘民居素材具有重要意义，它既丰富了测绘的内容，又能使测绘资料更加充实。

在测绘过程中，通过调查研究，从其所处的地理、地貌、气候、生态环境等自然环境要素以及历史人文背景、商业状况出发，对民居聚落的选址、聚落形态、院落空间形态、建筑形制、建筑装饰以及形态特征等成因进行分析论证，从而概括出其文化特征，并且探索其文化源流及其形成的体系框架。

中国悠久的历史，深厚的民族文化，在丰富多彩的民居建筑上反映得尤为突出，民居是人类在居住生活中智慧的结晶，是最为理想的居住环境。顺应自然并且与自然合而为一，融入了传统的哲学及美学观。这些是在测绘过程中需要挖掘的相关素材。

只有这样，通过测绘报告，使测绘成果不仅仅只停留在片面的枯燥的测绘数据上，同时使测绘成果有血有肉，内容更加饱满（图 3-13～图 3-16）。

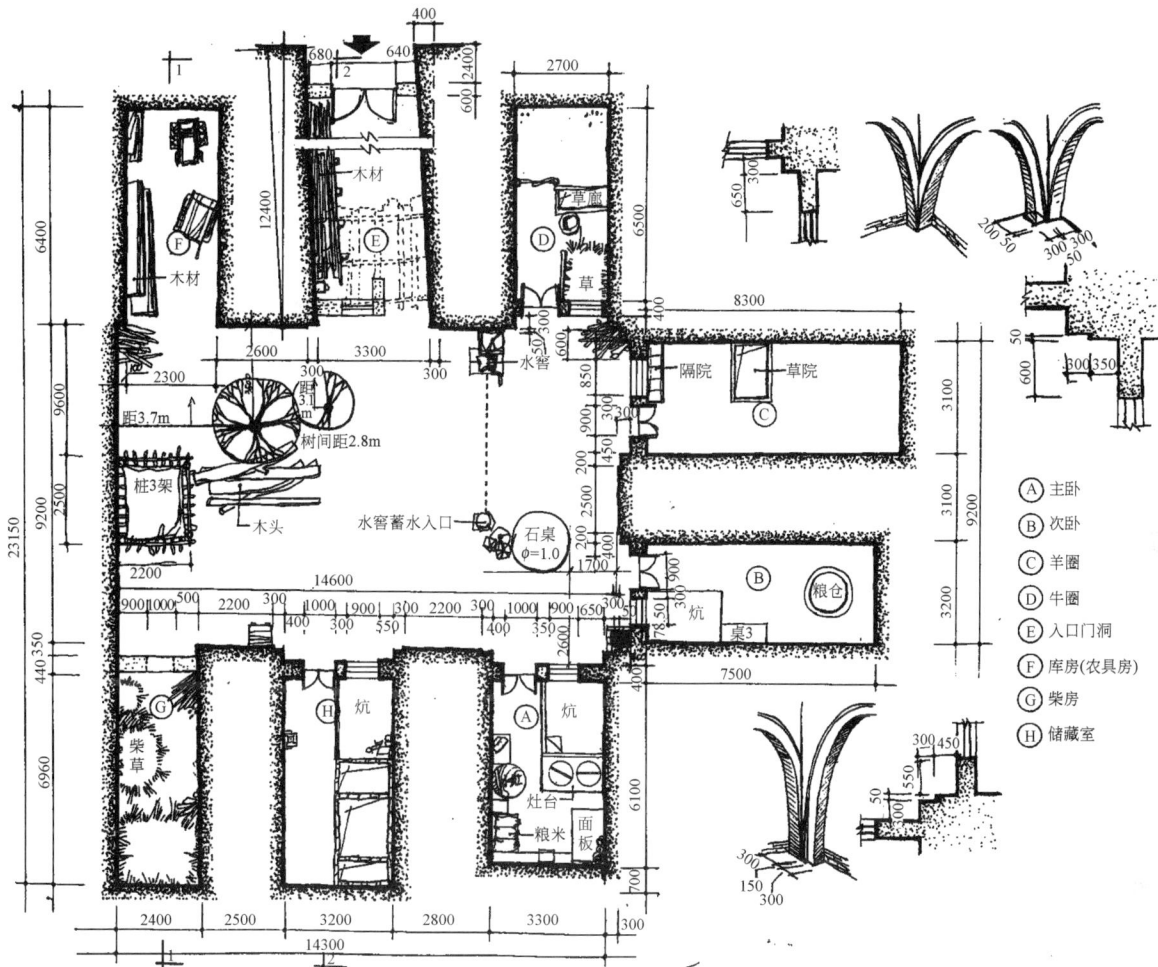

● 图 3-13　总平面图

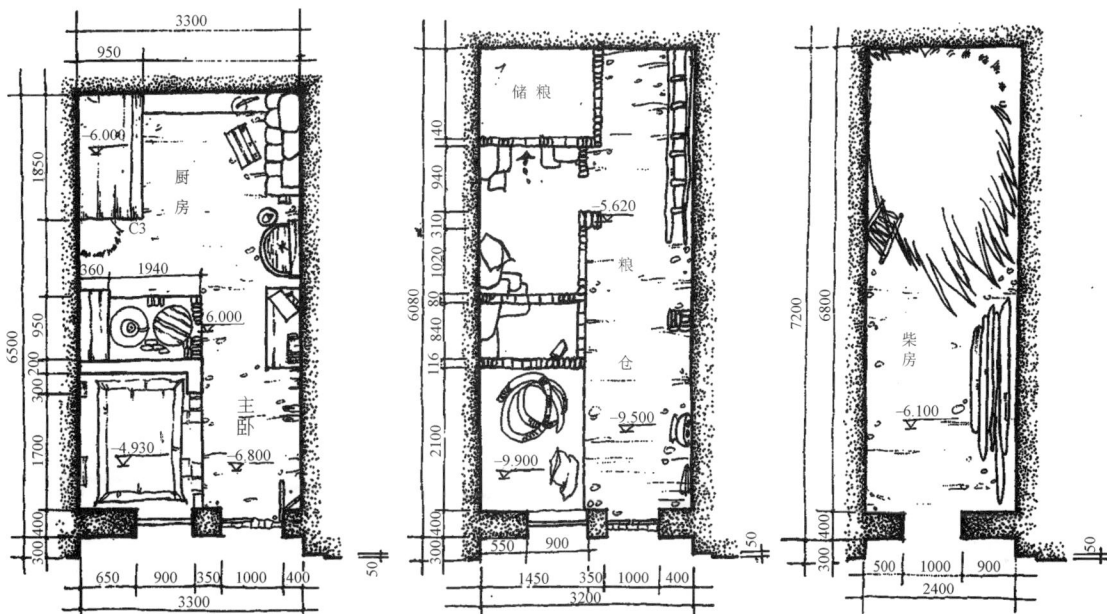

● 图 3-14　室内平面图

25

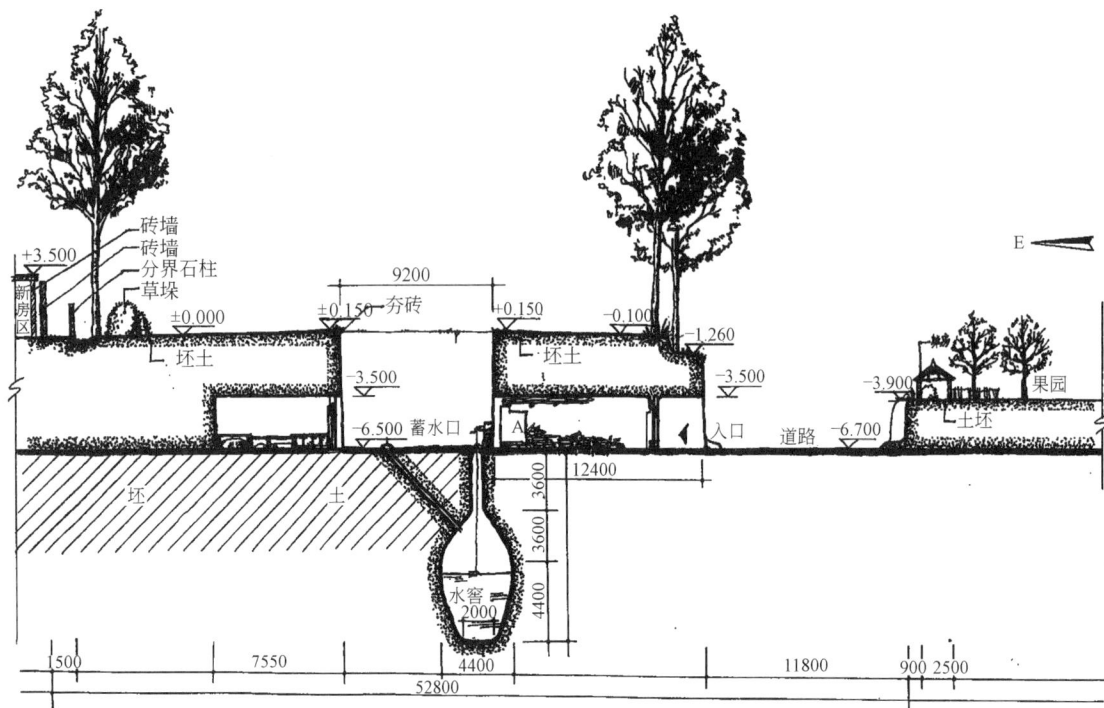

● 图 3-15　总剖面图

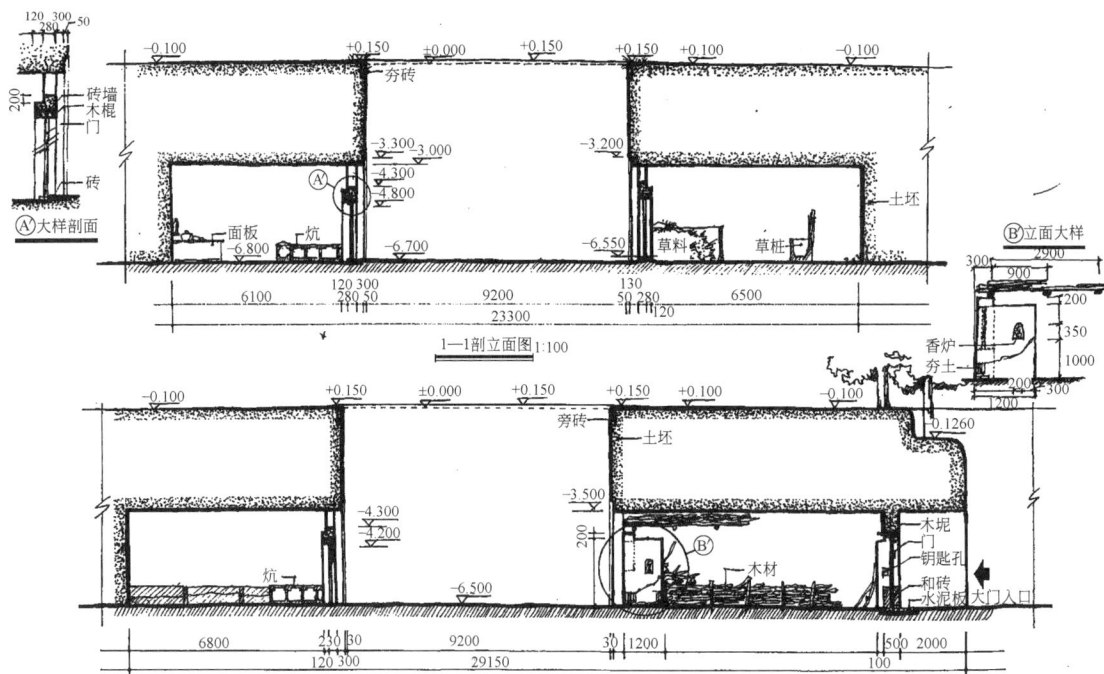

● 图 3-16　剖面图

在经济飞速发展的今天，许多东西正在消失，民居建筑虽然丰富多彩形式多样，但遗留下来的完整的建筑并不多，更不要说非物质形态的东西离现代化生活越来越远，有的正面临消失，所以测绘工作不只是对实物的描摹、数据的整理，同时挖掘出的传统居住生活文化，能够给现代人居环境所面临的生态危机等问题提供思考的依据，这些对于民居测绘及研究民居、了解传统文化具有重要意义。

2. 保护、整理和翔实的民居建筑基础资料

在目前，民居的研究关于文字性的描述与整理比

较多，缺乏相关的文化遗产性质档案的记录。文化遗产的保护工作大致包括调查、研究评估、确定级别、建立记录档案、制定保护规划、日常管理维护、实施保护工程和控制周边环境等内容和程序。其中很多工作，包括建立记录档案，在我国《文物保护法》及相关法规中都有明文规定。可以看出，作为建立记录档案的核心内容之一，测绘可获得最直接最具体的数据和相关信息，没有最基本环节的保护依据，工程的再实施是不可想象的，更谈不上科学有效地管理，可以说，测绘是文化遗产保护基础工作的重中之重，没有科学记录，关于民居建筑遗产就不可能得到真正保护。

如果民居没有相关测绘成果，或者仅有不准确、规范性差的测绘图，都会给研究带来困扰。

3. 借鉴地域建筑文化特色，传承人居生态建筑精髓

事实上，当代建筑思潮的发展，已日益注重建筑与环境有机结合，注重建筑组群空间处理，注重尺度及空间构成的人性化，而多元共生的中国传统民居恰恰在这些方面具有突出优势。中国民居以博大广深的地域特征为背景，从属于大自然的人工环境，侧重于表现环境的客观性和外在性，由环境的感性特征引起人们的美感，是真正意义上的天然之美，体现了自然有大美而不言的传统哲学及美学思想。我们更应该借鉴与学习它的地域建筑文化特色，传承人居生态建筑民居所具有的文化精髓(图 3-17)。

民居具有质朴的建筑艺术美，有建筑本原文化的精髓，是人类在长期劳动中创造出来的文化成果，是人类智慧的结晶，具有典型的地域建筑文化特色，并且是民族建筑文化传统与民俗文化传统在民居中的完美结合(图 3-18)。

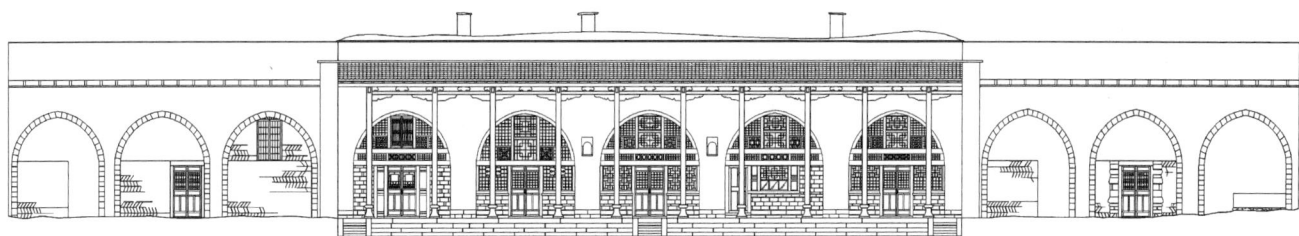

正窑立面图

● 图 3-17 马氏庄园正窑立面图

● 图 3-18 陕北窑洞四合院正窑(资料来源：海继平摄)

如何保护、继承和发扬优秀的生态建筑传统文化，探索既符合时代要求又有中国特色的民居建筑文化，应当是从事相关专业研究人员的责任。民居群落与环

境的结合，在功能、构造和艺术的完美统一，独特的形态体系等，是民居建筑的显著地域特色，至今仍未失去借鉴价值，值得深入挖掘、研究和弘扬(图 3-19～图 3-22)。这些精髓可以通过测绘成果及相关研究揭示出来。若克服浮躁心理，直接参与测绘实践，亲身体验，深入研究，则更有收获。立足自身，借鉴传统，吸收所有文化的积极因素，便可以构筑典型地域特色的全新建筑理论。

4. 对当今相关专业大学生传统建筑文化的教育

由于网络信息的快速与便捷，数码时代的现实特性，当今大学生容易眼高手低、基础薄弱、实践能力差、缺乏动手能力、缺乏对传统文化的了解与认识；也容易产生学习的惰性，尤其在学校单一课堂教学模式中，缺乏对学习的主动性认识。然而，通过课

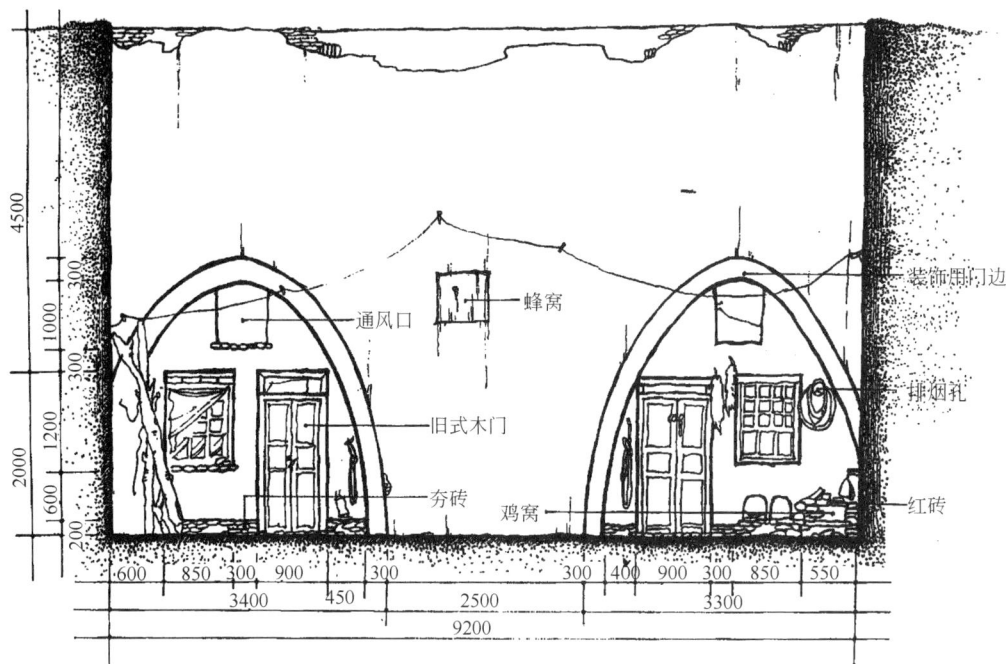

● 图 3-19　窑居 NO.006 北立面图

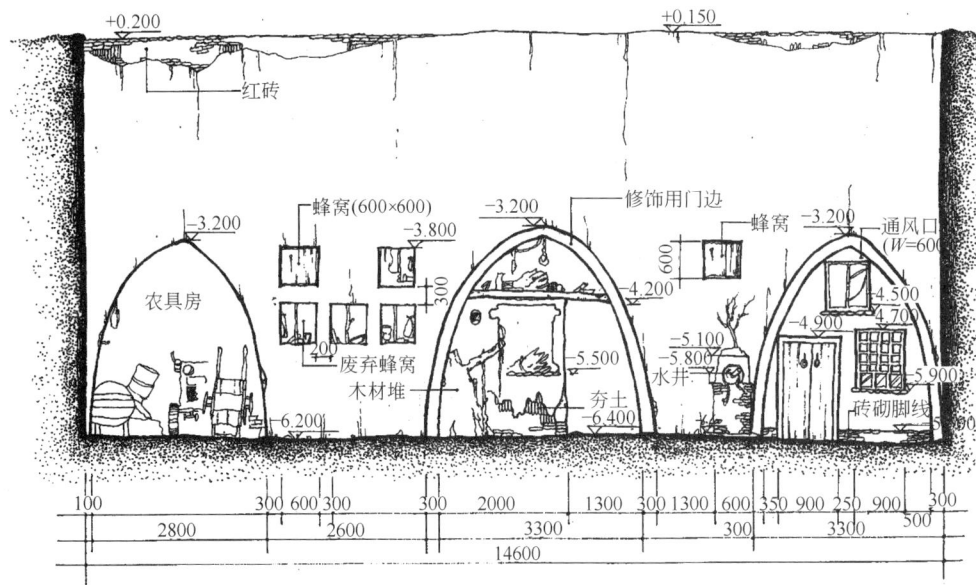

● 图 3-20　立面图 2

外测绘实践，能够有效地提高学生学习的积极性与能动性，加深对所学知识的认识，培养实践能力，及时将所学理论与实际应用相结合，大大提高动手能力，激发学习的兴趣。由于在实习基地中，学生对于测绘数据、实地尺寸、民居的场地尺度会有了一定的现实性认识，大量信息将储存在大脑里，能在以后的设计实践之中广泛应用。

测量过程中，需进行有关人文信息的采集、更新、

管理与整理，利用不同的技术手段进行记录。例如，坐标系统的建立、图纸的编制、工程测量和测量误差处理等。通过系统的整理过程，进行有效的统筹安排，使工作细致并条理化。在现场，还要了解与研究民居建筑营造的基本知识，要对当地材料的利用和建造特性进行考察，并懂得相关专业知识和建筑技术。

只有经过对民居测绘的实际体验以后，才能真正地感知传统文化的精髓。具有深厚文化底蕴的传

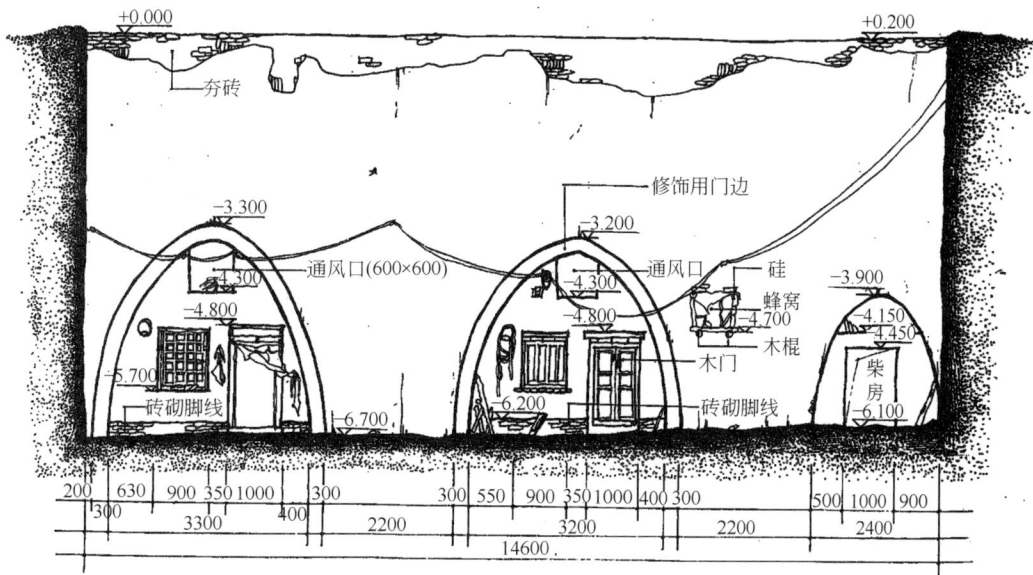

● 图 3-21　立面图 1

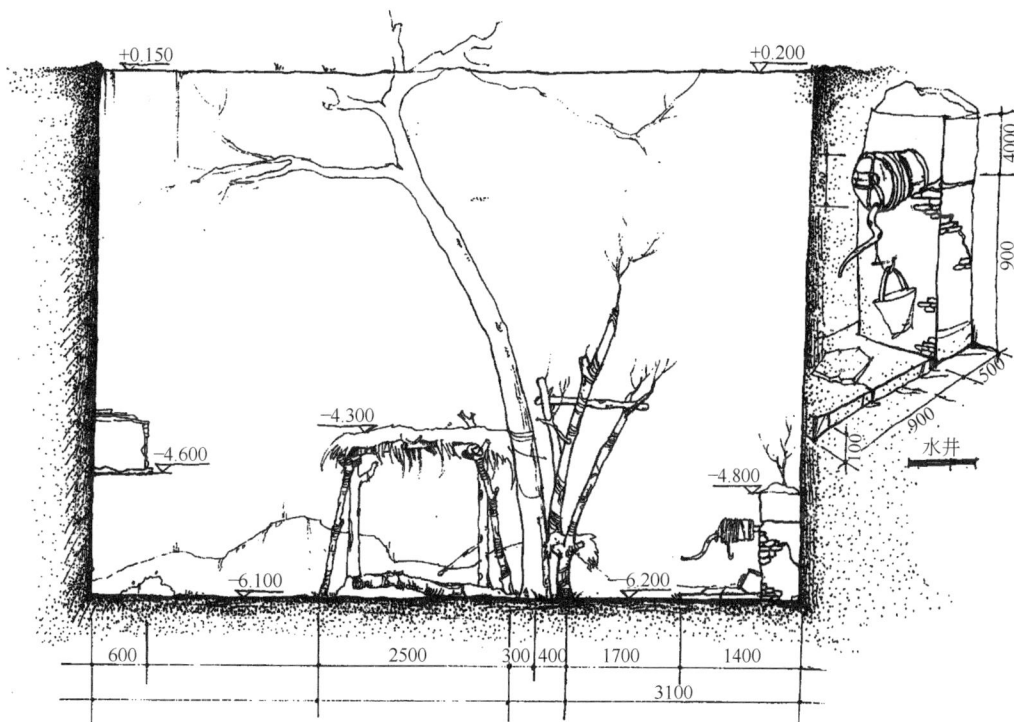

● 图 3-22　立面图 3

统民居，具有很强的地域特色，它是当今实践设计的本原，更是设计之动脉，是我们借鉴的最直接的养分。

　　作为综合性的实践环节，民居的测绘要求学生灵活运用建筑史、测量学、制图学、建筑设计初步、计算机制图等已学课程获得的基本知识与技能，掌握建筑测绘方法，为学生提高动手能力、应变能力、知识技能的迁移能力和创造力提供了良机。民居的测绘可潜移默化地培养学生爱国主义、团队协作，严谨求实以及艰苦奋斗精神，成为生动的社会性德育课堂。

3.2　民居测绘基本知识

　　民居主要以方形的院落组成，以北方的民居院落形制特征为例，在院落里，主要房间里级别最高的是正房，是长者居住的房屋，正房两边是耳房，厢房在正房前的左右两侧，为子女居住。院落里房间布局巧妙、精雕细刻、朴素大方，空间开敞、日照充分、尺度宜人，具有天人合一的人居环境特点。它充分体现着中国传统的封建礼制与社会家庭体制观念。在民居布局上通常会体现长幼有序、男尊女卑、兄弟和睦、内外有别的传统宗法制度和伦理观念(图3-23)。

● 图3-23　陕北民居院落(资料来源：海继平摄)

了解民居特点的同时，必须研究民居建筑营造的基本专业知识，同时要对当地材料的利用和建造特性进行考察，并懂得相关专业知识和建筑技术。关于民居的测绘必须具备专业性及技术性两大特点。同时掌握测绘学基本原理和方法及民居作为建筑遗产保护的实际要求。

在测绘过程中，虽然将受到一定物质条件限制和制约，但一定要形成紧密的分类体系，要有专业的测量手段、工作流程和组织方式，为测量工作的开展作好充分准备。

3.2.1　选择合适的比例尺

根据测量范围的复杂程度和图纸成果的表达要求。选择合适的比例尺来表达测量对象的工作深度。民居住宅形制，是传统民居建筑风格的典型，建筑单体一般体量较小，立面简洁，尺寸不是很大，细部装修较之公共建筑不是特别复杂，因此测绘图所采集的比例尺可以参考如下。

测绘参考比例尺：

适用范围	比例尺
院落总平面图	1：100，1：200，1：250
建筑总平面图	1：100，1：200，1：250
单体建筑平面图	1：50，1：100
立面图	1：20，1：25，1：30， 1：40，1：50
剖面图	1：20，1：25，1：30， 1：40，1：50
平面图(包括屋顶平面图，梁架仰视平面图)	
	1：50，1：100
构造做法大样图	1：1，1：2，1：5，1：10， 1：15，1：20
装饰部件大样图	1：1，1：2，1：5，1：10

3.2.2　民居测绘的类型

根据测绘工作的精确度可将建筑测绘按测绘等级进行划分，按测量对象的范围，即测量工作涉及的部分或构件范围可分为精密测绘和法式测绘。

1. 精密测绘

从工作深度和范围而言，这是最高级别的测绘。要求对古建筑进行整体控制测量，并测量所用不同类别构件及其空间位置关系，尤其是对结构性的大木构件如柱、梁、檩、枋等，要进行全面详细的勘查和测量。除暂时无法探测的部位和构件外，测量范围应尽量全面覆盖，不可遗漏。测量时，在建筑物内外要全面搭建脚手架，需要大量的人力物力，持续时间也比较长。同时按类别和数量分别予以编号和登记、制表，一一填写清楚，以便在进行修缮设计、施工和研究时利用。

实施重要的修缮工作、迁建工程时，都必须进行全面而精密的测绘。当经济技术条件允许时，给予记录建档和科学研究目的，凡重要的单体建筑也都应尽量进行全面测绘。

2. 法式测绘

这一级测量通常是为建立科学记录档案所进行的测绘，测量范围并不覆盖所有构件或部位。在民居测绘中，同一类构件或部件往往不止一个，如斗栱中的斗，同样的砖雕纹样及柱、梁等。对这些重复的构件或部位，不必逐个测量，只选测其中一个或几个典型构件或部位即可。不过测量范围要覆盖所有类别的构件或部位，不能有类别上的遗漏。这里的类别是按构件的样式和设计尺寸来划分的，只有样式和原始设计尺寸均相同者可归为同类构件。所谓典型构件，是指那些最能反映特定的形式、构造、工艺特征及风格的原始构件。甄选典型构件时，应细心观察，反复比对，分析判断，尽可能挑选其中较好的构件作为测量对象。

在测量体量较大的正房或其他建筑物时，可以在建筑旁边搭建局部脚手架，在测量厢房或低矮建筑物时，通常使用梯子、高凳、直杆等工具就能满足测量要求。法式测绘是我们经常用的测绘方式，所需人力物力相对较少，能够全面的记录建筑物的各个方面情况。传统民居多以方正式四合院为主，平面的布局、方位、朝向都要进行准确的测绘，包括单体建筑与院落的相对关系。同时作为民居的其他类型或部件必须做到细心的测量，如大门入口、影壁、屋脊、檐部、墙砖、栏杆、门窗等，装饰部件如瓦当图案、墀头、惹草纹样等，并且还要了解装饰的题材、用料、色彩、工艺和做法（图 3-24～图 3-27）。

● 图 3-25　民居砖雕装饰艺术（吴昊拍摄）

● 图 3-26　民居砖雕细部（吴昊拍摄）

● 图 3-24　民居四合院神龛（吴昊拍摄）

● 图 3-27　山墙惹草纹样（资料来源：海继平摄）

3.2.3　常态下的研究性测绘

对于一座民居院落，在常态下很难进行全面精细的测量，因为建筑在非解体的情况下，有很多部位或构件是不可见的，如基础、墙体内部、屋面做法、望板厚度、飞椽后尾、榫卯交接乃至柱梁是否为拼镶做法等；有时一些特殊的部位因空间狭小，人无法接近而难以探测，因此在组织学生进行测绘时，一般定位在研究性测绘上，至少达到法式测绘的基本要求。以下是研究性法式测绘中必须做到的几点要求。

1. 必须进行整体的控制测量

比如说整个院落的形状、轴线坐标、房间数量、建筑的高度、朝向以及建筑和院落的关系等。

2. 按不同构件分类进行测量

对重复部分只选择典型构件测量，测绘时尽量排除建筑变形的干扰，侧重于对原建筑还原的初始状态。

3. 选择的典型构件必须在成果图上标明测量位置

由于选择的构件或部位不同，取得的数据会有差异。而典型构件的尺寸又是被推广到其他同类构件上的重要尺寸，因此必须标明测量位置，为将来的使用者利用、复核数据提供方便。

4. 制图时按初始理想状态绘图

在现场，有的院落因为年代久远，塌陷失修，或破坏或拆除，有人为破坏或在原有的基础上改变用途，有的院落被遗弃无人看管，有的主人常年不在租赁给他人居住。诸多因素连带产生了一些变动，这些改动部分应尽量通过现状分析、查阅档案、访问知情者，恢复其原貌，在依据充分的情况下，按理想的复原状态绘制出来。但应注意的是，凡图纸与现状不符者，必须在图上明确注明缘由，必要时在计算机制图时进行"分层"处理，将复原状态和现状部分放在不同图层上，以供比较参考。

5. 未探明部分在测绘成果中作"留白"处理，不能推测杜撰

首先，测绘成果必须真实传递建筑的信息，杜撰推测有违真实性，不可取。其次，研究性测绘只是完整测绘体系上的一个环节，留白是为了等待有条件测量时加以补充修正。具体来说，留白处理体现在：

（1）对飞椽后尾、望板厚度、正脊到脊檩上部等隐蔽部分进行留白处理。

（2）需要说明的是，这里"未探明部分"是指那些将来能够探明而当前无法探明的部分，如建筑进行挑顶维修、更换椽子时，飞椽后尾就很容易通过跟踪测绘测得。

（3）民居院落的营造做法大体一致，如果本院的不可探明部分无法测量，可去其他院落塌陷的建筑处进行仔细观察，从而对照本院落的建筑构造做法完成测绘任务。

3.2.4　测绘成果

现场工作完成后，根据所测绘内容，进行详细的后期整理与完善，逐步形成整套的测绘成果，最后的测绘成果不仅仅是一套墨线测绘图，应包括以下几种形式：

1. 草图整理

对现场徒手绘制的草图进行编制整理，逐一编号，放置在档案袋里，分工进行正式图描绘。草图是现场测绘的第一手资料，不得流失损坏，以便在计算机绘图时查阅。

2. 数据图表

对测量成果数据列表，包括曲线图表、统计图表、装饰纹样及部件列表等。

3. 测绘报告

现场进行访问，查阅当地县志及相关文献资料，对测量对象的地域特色、文化背景、历史沿革、现状情况、规划布局、法式特征、形式语汇、尺度比例、历史文脉、装饰装修等相关方面文字材料进行收集，同时包括测绘的实施方案和技术指标，最后归纳整理成调研报告。

4. 现场照片

记录测量对象基本特征和测量工作方法的摄影资料，内容涉及建筑的环境、空间、造型、色彩、结构、装饰、附属文物等信息。

5. 现场录像

以动态视频的方式呈现现场情况，包括工作现

场的摄像资料。

6. 建筑速写

根据所测绘的院子，从不同角度包括从屋顶俯瞰院子画出 3~5 幅建筑速写，并能够反映该院子的风格特点。

3.2.5　后期完成成果

1. 正式绘图

用计算机按标准建筑制图规范和惯例绘制测绘内容，根据类型分层管理。图示内容必须全面。

2. 表现图

运用色彩表现所测绘的院落平面及建筑立面图，必须有光影效果，如果可能的话，还可以用褪晕的手法以彩色透视图的形式来表现。

3. 轴侧图或鸟瞰透视图

运用速写的形式徒手表现院落的鸟瞰图或用计算机建模，绘制出整个院子的轴测图或鸟瞰图(图 3-28)。

4. 实物模型

如果条件允许还可以根据测量对象的形式和结构按比例用适当的材料制作模型。

5. 计算机模型

利用电脑软件根据测量对象建立计算机虚拟三维模型(图 3-29)。

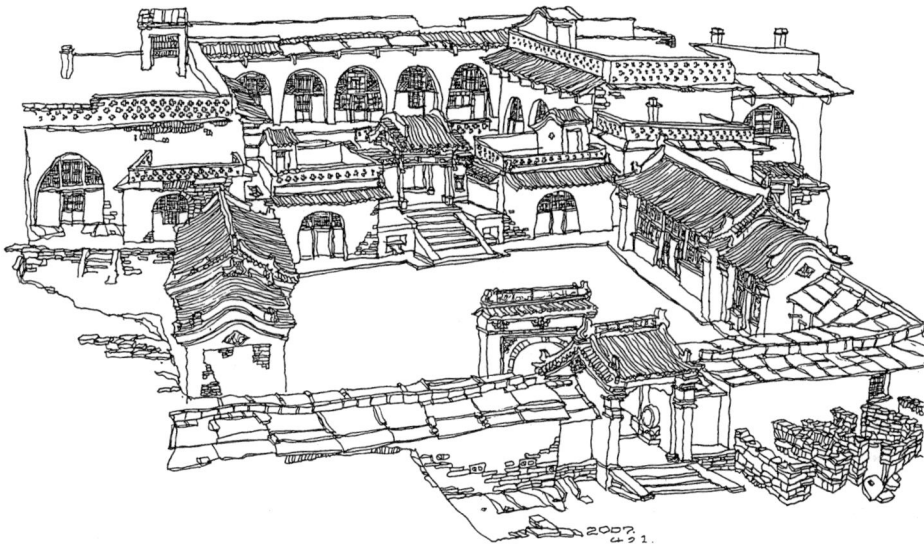

● 图 3-28　陕北民居(资料来源：海继平绘)

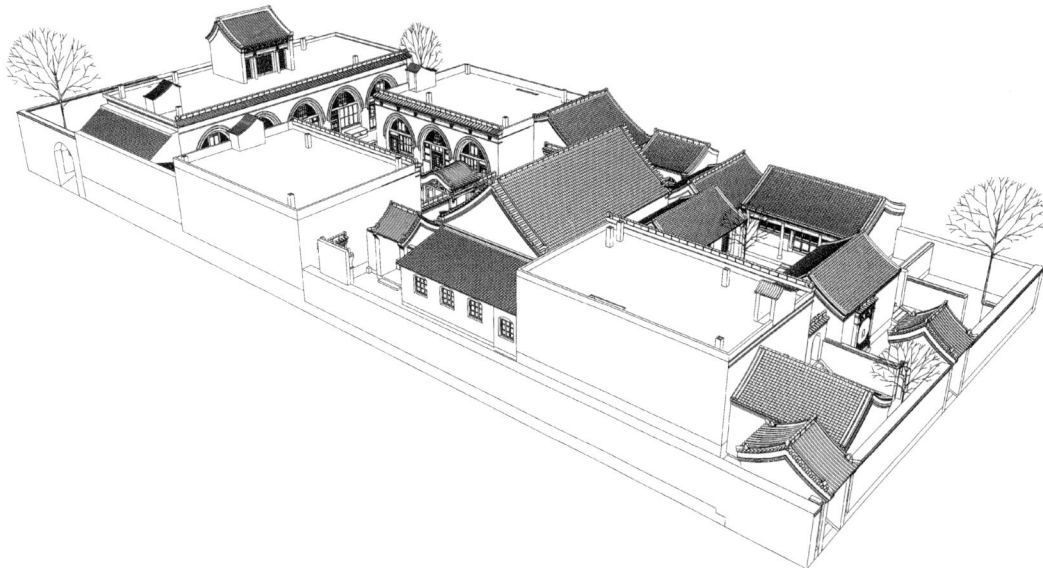

● 图 3-29　陕北民居——高家大院(资料来源：贾伟伟绘)

6. 建立数据库

依据测量数据、图纸和其他信息建立的数据库和信息管理系统。

3.2.6　测绘工作流程

1. 建筑单体测绘流程

对一座单体建筑进行测绘，首先勾画草图，确定该建筑在院落中的位置，标明其功能名称、用途及地位关系等，进行测量时，先整理相关数据然后开始制图，认真校核，描绘成图，最后打包存档。

（1）先测量单体建筑的平面图，包括其面阔尺寸及房间数量、墙厚、门窗位置、朝向、与院落围墙的尺寸关系(图 3-30)。

（2）必须测量所有房间的室内家具布置及家具尺寸，包括炉灶、土炕、传统家具、生活用具物件(图 3-31～图 3-35)。

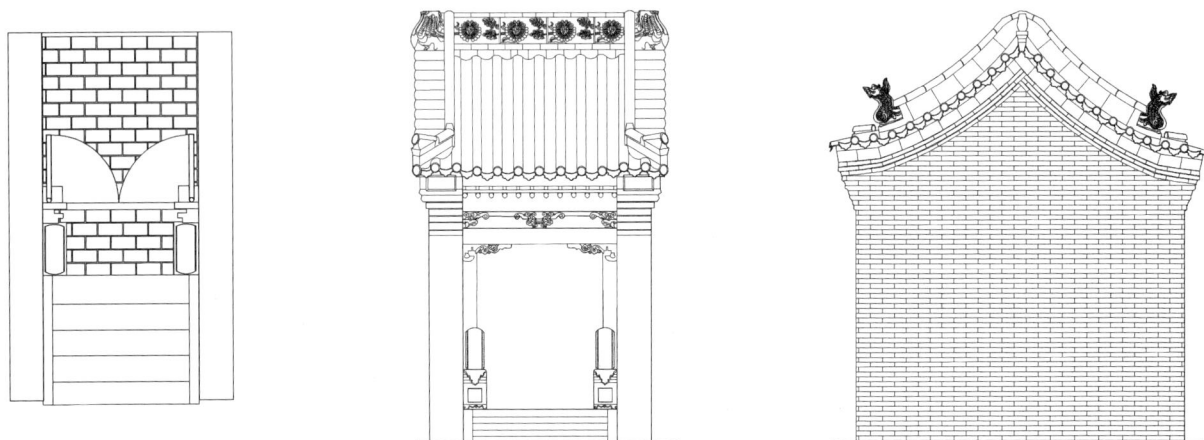

● 图 3-30　高家大院宅门平面图、正立面图、侧立面图

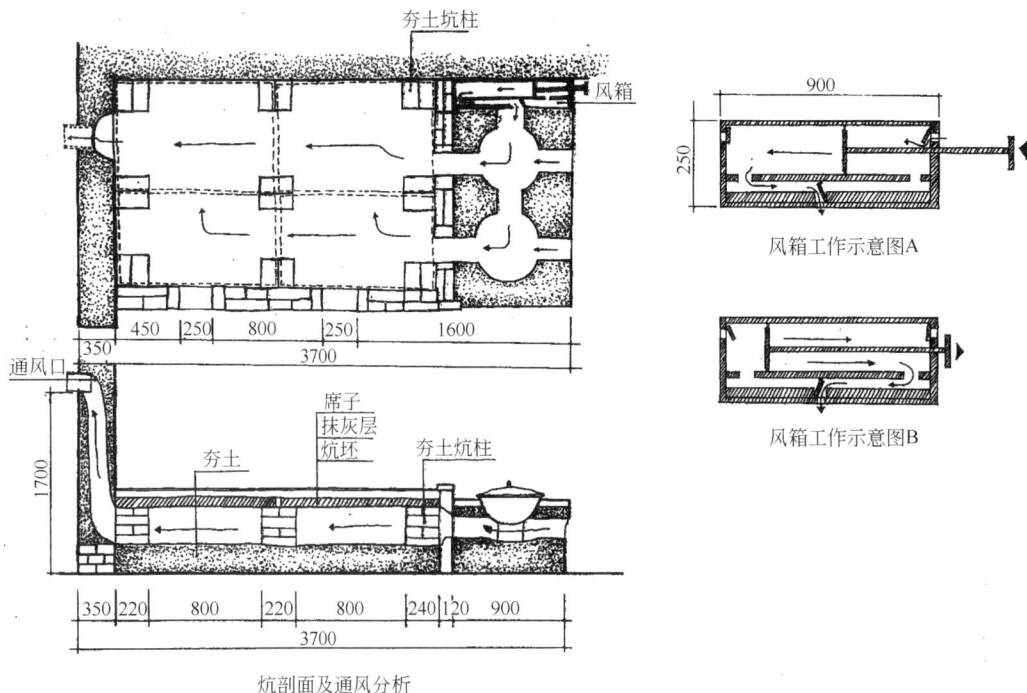

炕剖面及通风分析

● 图 3-31　炕头灶

● 图 3-32　厨房灶头速写(孙豫)

● 图 3-33　厨房一角速写(林荟)

● 图 3-34

● 图 3-35　农具(资料来源：严周摄)

（3）如有牲畜圈棚、卫生间或储藏室也需要测量，除建筑外，必须测量其储藏物件、农具、喂养牲口的食槽、碾子、磨盘等(图 3-36～图 3-39)。

● 图 3-36　喂养牲口的食槽(资料来源：严周摄)

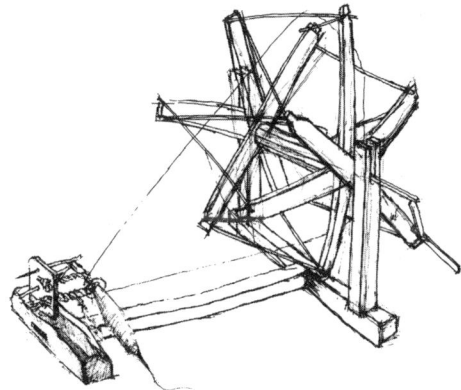

● 图 3-37

● 图 3-38

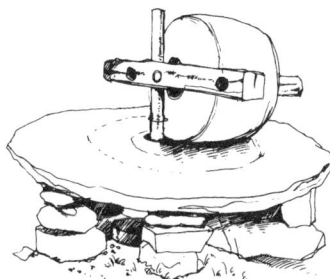

● 图 3-39

（4）外立面必须严格按照正投影的实际尺寸测量，有的外立面几层关系叠加在一起，可进行分层测量，分层绘图表示。比如有的院落级别较高，正房有一排檐柱，退后才是墙体立面，这样就需要分层测量，制图表现时，先画檐柱及屋顶的正投影立面，再横剖切屋顶画墙体的立面，当画正房的完整正立面时，应表现屋顶、檐柱、台阶及墙体的叠加立面。

（5）剖面的测量不能只从建筑的表面测量，从外表只能测量其简单的数据，没办法掌握建筑做法及构造，应结合工具书或对其他倒塌的类似建筑仔细观察研究，来解决剖面的内部构造测量办法与绘图表现。

（6）测量建筑构件及局部装饰部件时必须进行放大，并拍照、制定表格、整理统计，并标明其名称、位置。

2. 院落的测绘流程

中国传统民居住宅形制呈典型中轴对称格局，建筑布局主次分明、结构严谨。大多数院落为了取得好的朝向大都南北向布置，或顺应地形大致呈南北向。不论是一进院、二进院还是组合院落，其基本组成都包括正房、厢房、倒座、耳房、院门，在二进院中还有转扇、仪门等。级别较高的一些民居专门有书房或书院（图 3-40、图 3-41）。

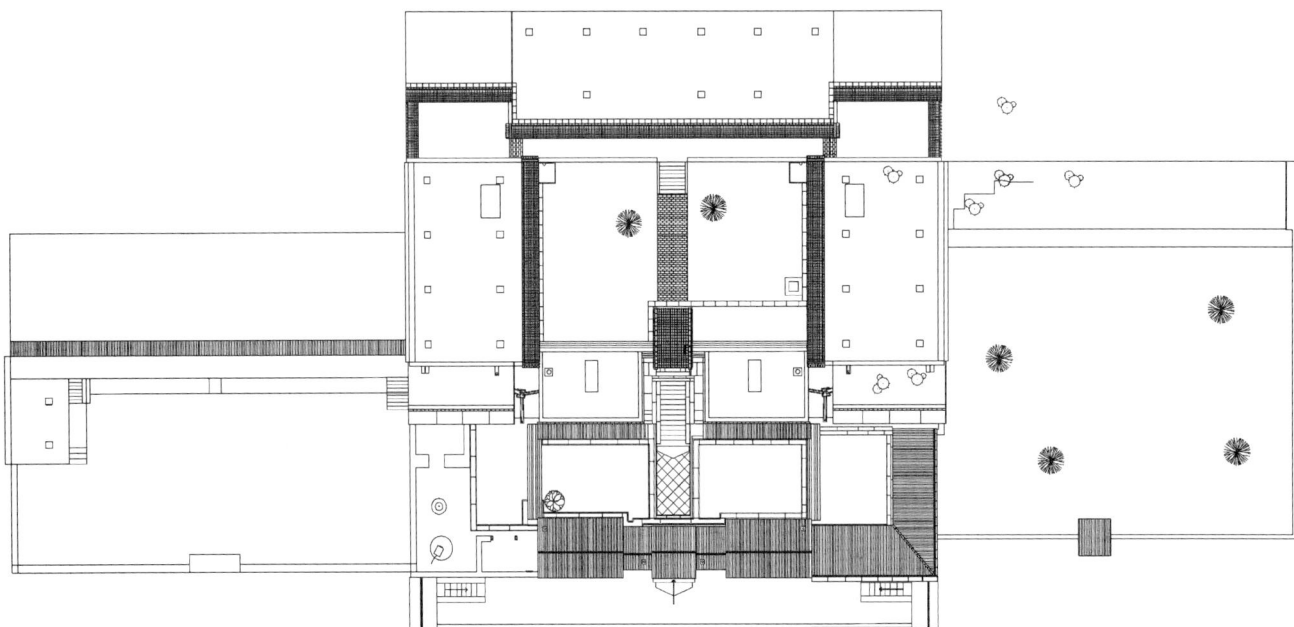

● 图 3-40　院落平面图

● 图 3-41　二进院的仪门（资料来源：海继平绘）

在测绘工作开展前，必须先对整个院落现场进行详细的踏勘，首先弄清楚是几进院，院落的布局特点以及房屋的朝向、轴线方向，院落内建筑的数量，建筑的功能用途与名称等。2~3 人组成单独的总图测绘组，使用指北针，经纬仪，皮卷尺等定位系统测量仪器，对院落组群进行测绘。院落总图一般包括屋顶平面图和总建筑平面图，有时需绘制轴侧图或鸟瞰透视图等。测绘一般经过踏勘选点，设坐标原点（坐标原点一般设在正房正立面的其中一个墙角基点上），开始进行测量。

（1）了解所测院落历史背景及法式特征，查阅相关档案文献，踏勘现场，确认工作条件，制定测量方案，包括工作期限、进度、人数、设备、分工等。

（2）通过现场观察，徒手在坐标纸上勾画建筑的平面、立面、剖面和细部详图。草图应能清楚地反映和展示建筑各部位的形状、结构、构造以及大致比例。草图主要为测量时标注尺寸及反映物件的大致影像。草图的比例应基本适中，不能偏差太大，以免放图时出现误差(图3-42)。

（3）装饰部件和复杂纹样的构件要拓样或拍照。量出它们长和宽尺寸，或定点测量，最后再利用计算机描绘，用实际尺寸按比例缩放，便是此构件的实际图样(图3-43)。

● 图 3-42　正窑立面图

转扇背立面大样　　　　　　　　　　　　　转扇正立面大样

● 图 3-43　转扇大样图

（4）对建筑的整体环境、外观造型、梁架结构进行详细拍照，一般小的构造及细部装饰纹样应支起三脚架进行细致拍照，要求能反映其每处细节(图3-44)。有条件的亦可录像，对现场的工作情况和测绘场面以及访问情况也应进行跟踪拍摄，以图片或录像的形式记录整个测绘过程(图3-45)。

（5）根据当天测绘数据成果，晚上可以在住所进行草图放样，核对白天所测绘的内容及相关尺寸检查，验证所获数据是否正确，若发现遗漏或遗留问题及不详之处，记录下来第二天重新测量，并进行必要的修正。这是保证测绘质量的重要环节。

（6）每项测绘内容的数据及草图应成为"测稿"，认真地进行分类整理，检查是否真正完成，用档案袋及时打包归档，并注明院落名称、测绘内容、测绘时间、人员名单、日期等详细情况，以免测稿遗失或发生混乱，为后期计算机绘图做好详尽的工作准备(图3-45)。

菊花纹屋脊砖雕

回纹花边

莲花纹屋脊砖雕

莲花纹屋脊砖雕

● 图 3-44　高家大院大样图

● 图3-45　测量现场(资料来源：严周摄)

（7）最后根据测绘手稿，用计算机完成正式成果图，要求掌握相关的 Auto CAD 技巧，符合建筑制图规范和测绘要求。

3.3　民居测绘的教学组织及准备工作

3.3.1　教学组织环节

古建测绘教学涉及室外作业的操作，是一门测绘实践课。它不光是课堂讲授及单纯专业联系方面的情况，还包括很多室外教学环节、后勤、管理等诸多问题，教学环节上相应比较复杂。总体来说包括前期准备、现场工作、上机作图等三个阶段。前期准备和现场测绘工作一般需要两周，熟悉计算机软件和上机做图大概两周时间。

1. 教学计划安排

（1）在校预备期。

第一周

周一

① 理论讲授内容：

A. 简单讲述中国传统民居建筑史，介绍测绘地点历史资料，浏览相关图片，讲解当地民居形成历史背景及法式特征，了解当地建筑风格形成原因及人文风貌。

B. 讲解测绘基本知识及测量学知识的运用，学生应熟悉测绘工作程序，初步了解测量学相关知识及操作方法。采用多媒体教学，观看教学录像，并辅以网络教学。

C. 讲授调研报告主要内容及撰写方法，学习范文。

② 教学要求要点：

A. 讲授课程的目的和意义，使学生了解传统建筑文化价值以及民居发展的历史沿革特征。

B. 民居院落的建造方法、风格特征和等级区别。

C. 民居建筑构件的名称及其功能作用。

D. 讲解测绘方法、步骤并了解测绘工具的使用方法。

E. 搜集相关文献图纸及资料，为下一步现场测绘做准备。

周二

③ 人员分工安排

教师分工：

A. 进行课堂相关事项的讲授。

B. 准备测量工具及仪器，检查及维护测量工具，并负责下达与分发。

C. 教师负责处理工作中随时可能出现的问题。

D. 所有教师应熟悉测绘工作整体特点及各阶段的工作重点，分析可能出现的问题，准备应对预案。

E. 每位主讲教师配备助教、教辅人员各一名，为测绘现场工作的顺利进行做保障。

F. 每位主讲教师负责三到五个小组，每小组测绘一个院落。

学生分工：

A. 以班为单位，实行班长、组长负责制，每班分为五个小组，每组为5～7人，并选派小组长。组长对班长负责，班长对教师负责。

B. 各组制定测绘计划书，小组内分工进行测绘。

C. 各组进行合理分工，按计划进行数据测绘记录、现场草图放样、拍照及测绘报告等工作安排。

④ 分发测量工具

A. 教师负责发放给每个小组测绘工具，由小组长认领，并检查工具有无损坏情况，如发现不能使用，应立即更换。

B. 教师向学生讲解测绘工具的性能和操作方法，使学生能尽快掌握，确保测绘时间和测绘质量。

C. 测量工具应由组长在测量后妥善保管，不得遗失和损坏。应爱护工具，每天收工时，首先检查工具是否齐全，以保证第二天的测量工作顺利进行。

（2）测绘现场操作。

周三、周四

A. 对学生进行安全教育，明确安全规程和责任，树立安全第一意识，牢记安全守则，能对突发情况作出正确反映和处理，必须在进入现场工作以前进行，可会同管理者共同教育。

B. 乘交通工具由学校到达测绘目的地。

周五

C. 到达测绘地点，整顿、安排测绘任务。

D. 教师亲自踏勘现场，确认工作条件，制定测量方案，明确工作重点，人员安排及所需设备。勘察好院落后记录下门牌号，并对院落进行等级划分，根据小组情况进行具体分工。

周六

A. 现场调研，在教师引导下实地参观拟测院落，了解其历史背景及周围环境，采访当地相关专家和故老（图 3-46）。

B. 充分了解院落的相关背景及周边环境及其历史变迁，熟悉现场条件，充实民居的基本知识。

● 图 3-46　现场采访（资料来源：海继平摄）

周日

A. 老师带队，以小组为单位带进测绘院落，开始测绘。

B. 各小组必须在指定院落进行测绘，不得随意更改地点。熟知院落周围环境，与房主进行协商，不得干扰房主的正常生活秩序。

C. 现场集中授课，讲解测绘操作各环节的反复和技巧，掌握测量方法和技巧，正确处理相关问题，随测绘工作进度及时穿插讲授。

第二周

周一～周五

A. 现场勾画草图，在教师指导下分组绘制草图，草图要求必须投影正确，细节交代清楚，便于标注测量数据（图 3-47、图 3-48）。

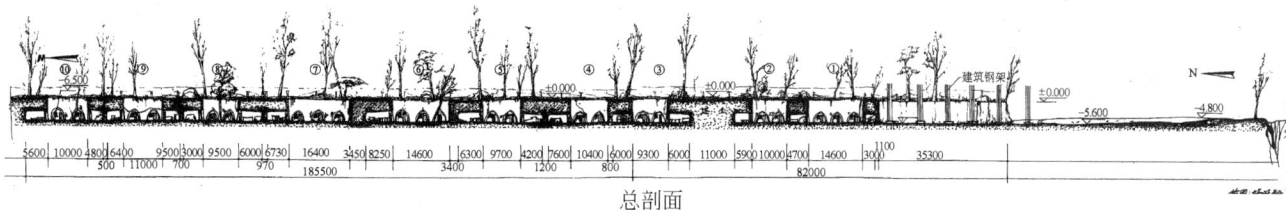

● 图 3-47　永寿县等驾坡村地坑式窑洞测绘　2002 级专科

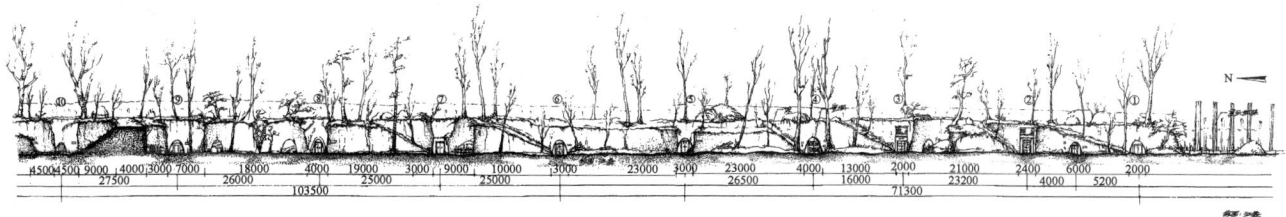

● 图 3-48　总立面

B. 测量操作，小组内分组测量，记录数据，总图组进行总图测绘及单体建筑控制测量，其他组测绘构件及细部装饰。制定表格，整理数据，在教师指导下分组对数据进行分析整理，填写数据表格，随时对照实物核对，及时复测。主要穿插在测量阶段进行。

C. 拍摄照片，录像，以随时记录测量对象，全面反映建筑环境、空间、造型、色彩、结构、装饰、附属文物等信息，这些环节与测量工作同步进行。

D. 安全第一、细心绘制、认真测量，随时整理数据，团结协作，做好工作日志。

E. 工作日志记录工作状态及重大事件，相关发现等具体到每个工作日，强调现场发现的有关传统建筑艺术与技术问题。

F. 休息日进行教学参观，参观考察优秀古建筑组群或单体：参观历史环境下的新建筑佳作，结合中国建筑历史教学，要求专家讲授，在测绘中全面体验中国传统建筑有效遗产（图3-49）。

● 图3-49　李自成行宫（资料来源：李莫摄）

周六、周日

整理好测量成果，从测量地返回学校。

（3）计算机绘图。

第三周

周一～周三

A. 课堂讲授图纸要求，并进行多媒体教学培训，讲授计算机制图要点，明确计算机绘图中古建筑制图的特殊要求。

B. 上机制图时，在教师指导下，依据现场工作相关成果上机制图，所有数据绘制必须严谨认真，符合制图规范要求，保证组内的制图规范，分层管理颜色线形等协调一致。

周四

图纸成果整理打印，各组任课教师进行第一次会审，检查图中的错误，再进行第二次调整。

第四周

周一、周二

A. 对图纸校核并进行验收，教师验收发现问题及时调整，修正制图错误，直至达标。

B. 成果保存包括最终图纸及测稿，必须加强管理数据表的存档。

（4）撰写测绘报告。

周三、周四

A. 撰写测绘报告，根据现场调查及访问情况并结合工作日志，依据相关文献资料进行认真编写，注意提高总结涵盖面，突出真实性、技术性、学术性。

B. 讲评、分析、交流，教师评议后，以讲座方式师生总结交流。

2. 分工与协作

（1）分组。

由于测绘工作是一项室外作业的实践课程，许多工作需要人员的分工协作，有计划有组织的合理分配能保证测绘工作的顺利进行，以便高效的完成任务。良好的工作分配会给测绘活动带来活力。根据测绘的对象和内容，以组为单位进行：

A. 以班为单位分为五组，每组5～7人为宜，负责一个院落的测绘任务，规模较大的院落可分配两个小组进行测绘。

B. 分组尽量形成优势互补，男女生合作的形式。

C. 每个测绘小组应选派一小组长，主要负责组内的工作安排，日程计划，协调组员的工作量及任务，控制小组的工作进度，负责测绘数据与图纸的核对、测量内容的完善程度等情况，并监督小组的成果图最终完成情况。

D. 各组之间应经常主动沟通、交流经验、互相提醒，使大家少走弯路，提高效率，必要时要互相支援。

E. 当两组所测院落互相邻接时，应在教师指导下明确约定工作界限，不能互相推诿，导致信息资料记录遗漏。

（2）组内分工。

每个小组在指定院落测绘前，必须进行组员的合理分工，发挥个人优势，责任到人，团结协作，积极配合，高效优质地完成测量工作，小组可自选组长 1 名，协助辅导教师安排具体工作任务。

A. 根据所测绘内容进行分工，2～3 人负责测量院落总平面，一人记录，再 2～3 人负责测建筑单体，一人负责统计所有结构部件或装饰图案，一人访问调研，进行文字整理，一人拍照。分配好后不得更换，以免导致制图阶段出现漏洞，造成混乱。

B. 指定的内容应由专人负责完成，尽量减少中间环节，如纵剖面和横剖面图应由测量建筑单体的人负责到底。

C. 保证任务工作量分配均匀。根据每人的专长进行分工，发挥其优势。

D. 原则上使小组成员能对建筑有比较全面的了解和掌握。

E. 在测量、数据整理和制图阶段，小组成员都必须通力合作，特别是不同视图由不同学生完成时，投影关系必须一致。

3.3.2　测绘前的准备工作

在校期间，教师讲授相关理论知识后，学生应根据教师所讲内容准备测绘时所涉及的相关资料，以便在测绘期间进行查阅。必须进一步检查工具是否齐全，作好后期保障工作。

1. 搜集相关资料和图书

可以购买相关古建测绘、中国古代建筑史、中国民居等方面的书籍，搜集测绘地民居所在地的地图、地形图，在网上搜索当地老照片、航拍照片及其他相关图像资料。查阅资料，了解当地的地质、水文、气象，到达目的地后，在当地图书馆或档案馆购买当地县志或管理档案及研究文献。

2. 对测绘地点进行走访，熟悉周边环境

到达目的地后教师和班长、组长提前到达现场详细踏勘，并与测绘对象的管理者或住户接洽，确认必要的工作条件。与当地管理方协商测绘期间的管理方式和作息时间。

3. 安全方面的防范意识

安全问题是古建筑测绘贯彻始终的法则，全体测绘人员都必须牢固树立安全意识。安全问题包括人员安全和文物安全，进入测绘现场工作之前必须进行必要的安全教育。一般的安全注意事项包括：

（1）一切行动听从指导教师统一指挥和调度；

（2）一切高空作业必须系牢保险绳；

（3）工作现场严禁吸烟或使用明火；

（4）衣着得体，不穿拖鞋、凉鞋、高跟鞋爬高作业，不能够穿裙子进行室外作业；

（5）上屋顶时，需经过管理者或房主的同意，严禁踩坏屋脊和瓦片；

（6）钻天花等作业时，要充分注意各种危险因素，严禁踩踏天花板或支条；

（7）上下交叉作业时，下方人员必须戴安全帽，注意避开上空坠物；

（8）注意用电安全，现场有明线时必须停电或采取必要安全措施方可作业；

（9）严禁雨天时室外爬高作业；

（10）未经允许不得私自登高观景、拍照或进行其他与测绘无关的活动；

（11）现场应设置护栏、警告标志等，随时提醒注意安全；

（12）严禁故意破坏或窃取文物，严格保护技术机密，确保文物安全。

测绘的外业工作条件艰苦，内容相当枯燥，体力和精力消耗较大。同时，要发扬团队协作精神，相互密切配合，必须保质保量完成。对于测绘数据、实地尺寸、民居建筑的场地尺度必须严谨而系统。经过实地系统而缜密的测绘，再通过徒手写生、学习考察、问卷设计调查，最后分析归纳，撰写综合报告等，这样一来，增强了对所学知识的交叉渗透，及时将理论与实际应用相结合，激发了学生对学习的兴趣，使学生能够主动地搜集整理资料，加强钻研精神的培养。

测绘是一项亲临现场带有实际操作性的有意义的实践工作，需要学生发挥主动性，灵活运用书本知识，结合教师的讲授，思考和创造性地解决各种实际问题。更重要的是，测绘实践能够丰富学生对古建筑感性的认识，对了解地域文化、学习古人的营造方法，解读古建筑有很大的帮助。

通过测绘实践的经历，大量的信息储备，对以后设计实践会产生深远的影响，包括长远的设计理念与个人的思维体系。许多工作的开展，都可通过科学记录档案的建立，获得最直接最具体的数据和相关信息。通过不同的技术手段在现场进行调研与参察，能够熟悉及掌握测绘对象的形式特征、语汇和历史更变、结构及构造知识，使学生对传统文化、对民居有深刻的理解与认识。

｜第4章　常用的测绘工具｜

谈到测绘，就必须谈谈常用的测绘工具。由于民居建筑与其他类型的古建相比较，无论从规模或结构上对测绘工具在技术上的要求难度都不是很大，所以一般性的测绘工具便能够满足基本的测量要求，大多是不需要过多专门学习，易于掌握的简单工具。测绘工具主要以满足实际测绘需要为目的进行配备，因地制宜、灵活运用身边手头工具即可完成现场测量工作。

越来越多的新型测绘仪器，不断被运用到日常的测绘工作中，使测绘的质量越来越高，越来越精确高效。民居测绘作为教学环节的一部分，目的是通过测绘教学的过程，使每个同学都能深刻地体会和感知传统民居的艺术魅力（图 4-1）。

● 图 4-1　学生进行民居测绘

根据工作的特点，整个测绘过程对于工具的选择可以分为"测"和"绘"两部分。"测"的工具主要有钢卷尺、卷尺、塔尺、卡尺、激光测距仪、海拔仪、铅锤、手电、相机等（图 4-2）；"绘"的工具主要有 A2 绘图板、一字尺或丁字尺、三角板、比例尺、各种笔等。

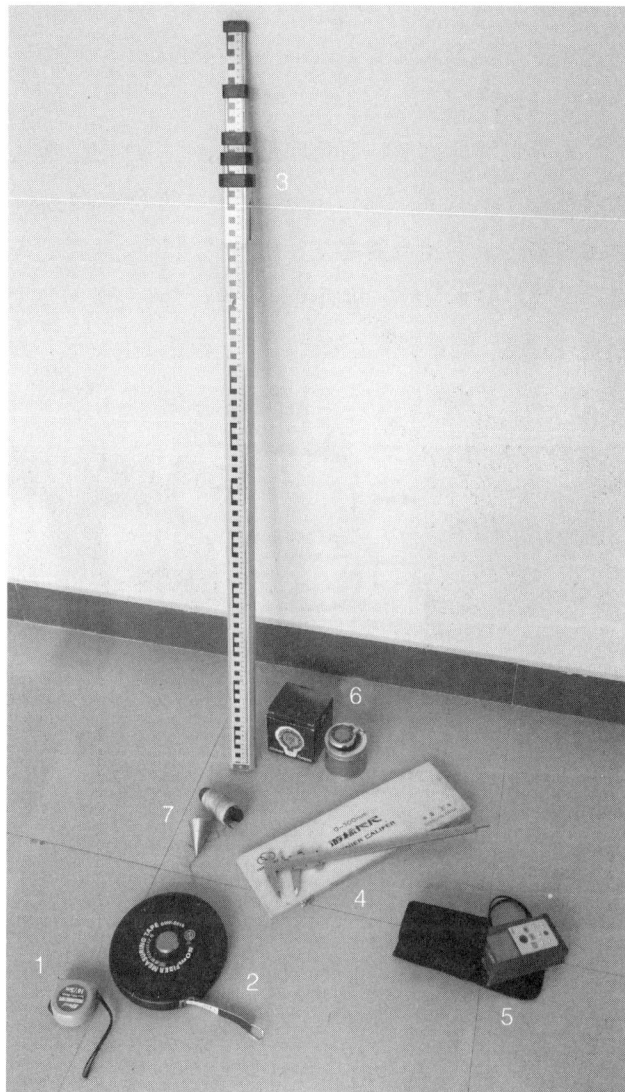

● 图 4-2　常用测量工具
1—钢卷尺；2—卷尺；3—塔尺；4—卡尺；5—激光测距仪；6—海拔仪；7—铅锤

4.1　常用测量工具

4.1.1　主要测量工具

1. 皮卷尺

皮卷尺是各种测量用的主要工具。常见规格为

20m、30m、50m 等，我们常用的是规格为 50m 的皮卷尺。在测绘中皮卷尺的运用范围很广，主要用于总平面图、单体平面各个尺寸的测量，也可对局部的一些尺寸、高度、柱体的周长进行测量。但受尺身自身的重量影响，在进行长距离测量时，易产生下坠、兜风等引起的误差。一般以组为单位配备皮卷尺 1 个，测量时需要 2 人以上配合完成。

2. 钢卷尺

对小尺寸的测量，钢卷尺是最合适不过的。常见的规格有 1m、2m、3m、5m、7m 等，为所有测绘同学的必备工具。窗台的高宽、台阶的进深及高度、房屋的长宽等基本尺寸、地面铺装的砖石大小等都需要用钢卷尺完成。钢卷尺质地挺直、尺身不易发生变形，测量时注意贴紧被测物，1～2 人就可以完成测量(图 4-3)。

小型物件的宽度和小型柱体构件的直径。如窗棂的截面宽度。

● 图 4-4　窑洞民居形制
构造(吴昊拍摄)

● 图 4-5　使用塔尺进行测量

● 图 4-3　使用钢卷尺进行窗的测量

3. 塔尺

塔尺是测量工具的一种，多与水准仪、经纬仪等搭配使用，但在我们的实际测绘工作中，塔尺自身的特点使其成为测绘工作中的重要工具之一。我们常使用的塔尺是铝合金制的可伸缩多节塔尺，长度为 5m。对于一些人无法到达的地方，利用塔尺可伸缩的优势就可以较准确地完成测量任务。如测量屋檐、梁柱的标高时，一些破坏较严重的室内进深也可运用塔尺测量(图 4-4～图 4-6)。

4. 卡尺

我们常见的卡尺就是游标卡尺，主要用来测量

● 图 4-6　使用塔尺进行测量

5. 激光测距仪

激光测距仪是较为先进的一种测量仪器，它有读取数据迅速、便于操作等特点，对于有一定高度、不易到达的测绘对象有着非常便捷的优势，适合单人操作。但是由于激光测距仪，成本较高，在教学中无法大面积推广，另外手持激光测距仪不宜找到仪器水平，所以易产生误差。同时在一些户外环境中，激光束容易受到强光干扰，造成读取数据失败。

6. 海拔仪

海拔仪也是较为先进的一种测量仪器，它有读

取数据迅速、便于操作等特点,对于高差比较大的高程测量有着非常便捷的优势,适合单人操作。但是对于高差较小的高程测量,其使用意义不大。

7. 指北针

指北针主要用来确定院落或建筑的具体方位,是必不可少的测绘工具之一。方向的确定对于民居形制群落特点的研究都有着重要意义。

4.1.2 辅助测量工具

为了满足测绘需要,需要有大量的辅助测绘仪器完成测绘工作。

1. 线坠

线坠用途广泛,主要用于确定垂线,修正测量误差。如检验构件是否有倾斜变形,测量柱脚的收分、构件的水平投影间距等。也可以用来寻找结构件的重心等。

2. 高凳、梯子、竹竿

在测量高度过高等人不可及的情况下,要使用高凳、梯子、竹竿等工具进行辅助测量。竹竿要选择较挺的以减少误差,同时建议在竹竿上每间隔0.5m进行涂色标记,方便测量。

3. 手电筒、望远镜

在进行一些室内测绘时,由于传统建筑空间较为黑暗,所以需要强光手电进行辅助照明。同时,在一些过高的空间内,人的正常视力无法看清建筑构件的具体情况,所以也需要望远镜的辅助。

4. 照相机

这里将照相机作为测绘重要的辅助工具进行介绍。完整的图像信息是保存传统民居形态重要的一部分,对民居装饰纹样、装饰构件、建筑色彩的纪录,整体空间形态的保存都有十分重要的意义。它是对测绘草图的有益补充,一些漏测、误测的内容可以通过照片的纪录进行比对修正。相机最好选用有长焦镜头的数码相机,可以将看不清的砖雕、瓦当、雀替等拉近拍摄,同时配合电脑使用免去了冲洗的麻烦。

4.1.3 使用测量工具常见的问题

测绘工作中工具使用的问题主要出现在对误差的控制上,尽量减少因为工具使用造成的误差,以得到较为准确的测量数据。

在尺的使用中,尺身竖直依靠人眼估测,由此在测量中引入的误差往往超限,但从测量数据上反应不明确,使用中需要注意,可以考虑与铅锤配合使用。还有要注意用尺在测量时的水平,一些横向尺寸的误差往往是由于尺的不水平造成的。

4.2 常用绘图工具

"绘"作为测绘成果展现的部分,将其分为测稿的绘制、仪器草图的绘制、计算机图纸的录入三部分。我们绘图常用的工具包括图板、丁字尺、三角板、比例尺、坐标纸、拷贝纸或硫酸纸、电脑等(图4-7)。

● 图 4-7 学生在进行图纸绘制

常见的绘图工具在专门的制图课程中有专门的讲解,因此这里我只将本课程另外涉及的一些绘图工具进行介绍。

1. 坐标纸

坐标纸是非常方便的绘图工具,对原始测稿绘制中图纸的比例便于把握,可大大提高工作效率。

2. 拷贝纸、硫酸纸

拷贝纸、硫酸纸可以与坐标纸配合使用,主要用于对草图的修改可以方便的完成,图面不清晰的草图可以用拷贝纸或硫酸纸进行二次加工。

3. 各种笔

其中铅笔的使用最好选用 H、HB、2B 等铅笔或自动铅笔，铅质适中、不宜太软或太硬。过稿时选用一次性针管笔较好，其价格适中、携带便捷、型号齐全。最好再选用 3～4 种彩色笔，如马克笔、水彩笔等，可以将测得的数据进行分类整理标注，使数据清晰可查。

绘图时要尽量正确使用绘图工具，减少误差。尤其是测稿绘制、仪器草图绘制的准确性，直接影响到最终的计算机图纸录入、影响到测绘成果的使用与保存价值。

第 5 章　民居测绘的内容与方法

民居的测绘内容是根据测绘对象具体情况确定的。院落的大小及组合、建筑物的类型、建筑物的构件数量、结构的繁简程度以及艺术品种类等诸多情况都直接影响到测绘内容的程度和测绘工作量的大小。

5.1　民居测绘的内容

5.1.1　院落总平面图

院落总平面图包括建筑组群院落围墙内的各种建筑物及构筑物。院落中主要建筑、院墙、照壁、牌坊、门楼、廊庑、古碑刻、古井、古树等都是总平面包含的内容。另外，建筑物周围突出的地形地貌特征也应记录下来，尤其是当建筑物位于山地、丘陵等特殊地貌环境中。

院落总平面图应该准确地表现出正房、厢房、倒座、耳房、门楼、照壁、院墙等各建筑单体之间的位置和布局，使其总体布局和环境一目了然（图 5-1～图 5-3）。由于院落建造形式各样，因此，在测量初期应先确定一处基准点（一般取最外围两院墙交汇处

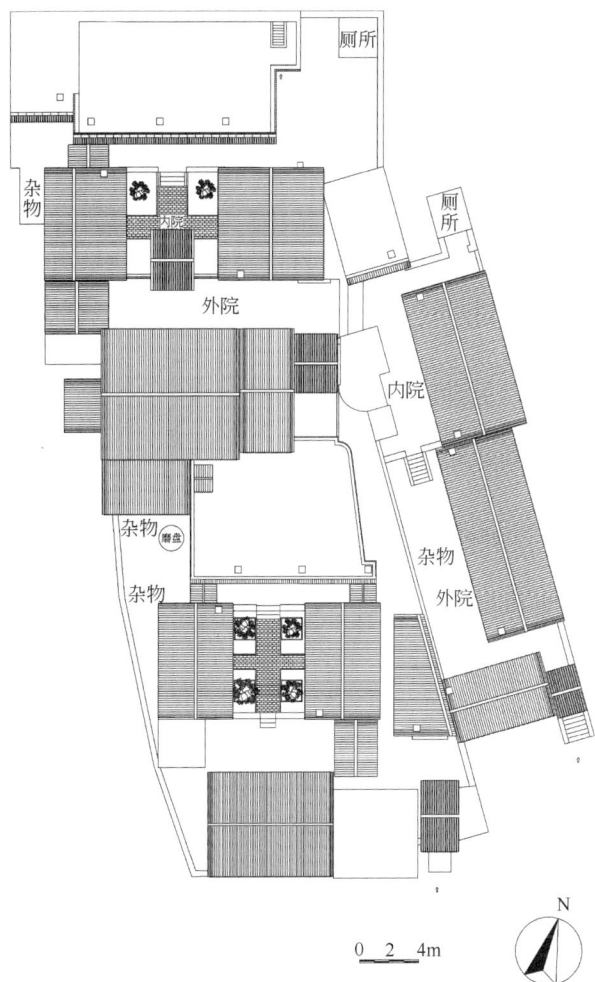

● 图5-1　冯家大院总平面图

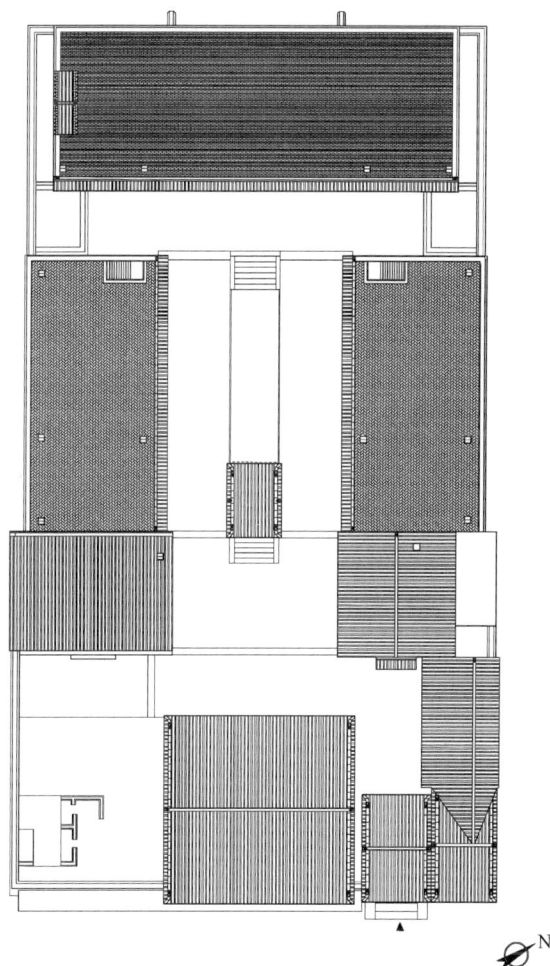

● 图5-2　米脂县城东大街 32 号院总平面图

N

石磨

通道

前院

石磨

四书小院

内院

石磨

厕所

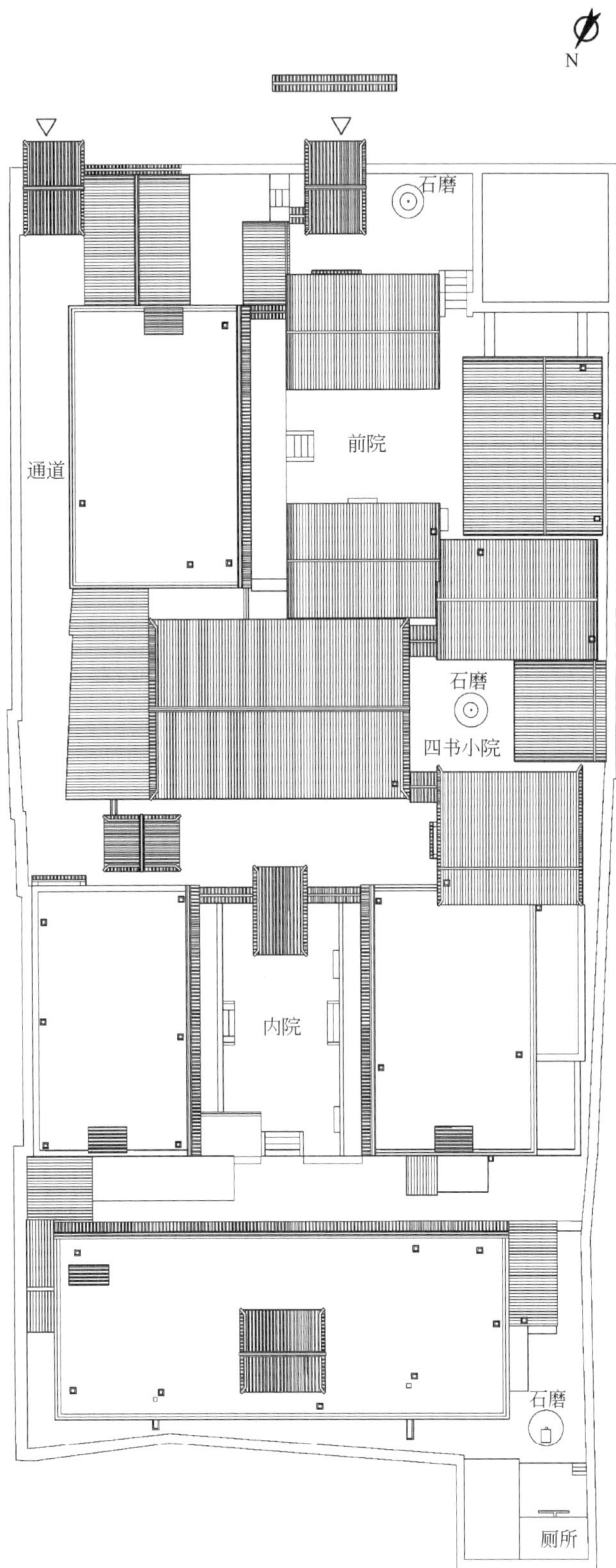

● 图 5-3　高家大院院落总平面图

的交点），以便测量其他尺寸及角度时可以参照。院落中单体建筑物在绘制总平面草图时可仅作尺寸及位置示意，只需要将其与周围建筑物和环境的相对

位置测量准确，各建筑单体可在单体细化测量后将尺寸补入院落总平面图中。

5.1.2　院落总建筑平面图

院落范围内所有建筑平面图，包括墙的厚度、门窗位置、建筑朝向等测绘内容，必须标明各建筑的功能名称及相对标高。图面应反映建筑入口处的位置（标准可参照院落总平面），除去建筑物之外地面上的各类砖石材料铺设方式以及院落中的小型构筑物都应为测绘内容。包括不同规格的青砖、条石，建筑物周边的基石、石磨盘、石槽、古井、古树树穴、石凳等都应出现在院落平面图中（图 5-4、图 5-5）。

院落总建筑平面图应准确表现出地面铺装的组织规律，使院落步道、建筑物周边的基石、小型构筑物以及其他地面铺装之间的组织关系清晰明了。图中出现大量重复的铺装方法时，可先进行大轮廓的绘制，选取一处基点（一般选择两线交汇的一点）以点带面地绘制小片区域，在正式绘制院落总平面图时将内容补充完整。

5.1.3　院落横剖面图、纵剖面图

中国传统民居建筑的组群构成往往院院相连，顺建筑主轴线纵深而上，或者平行排开，呈多院相连形式。因此，民居院落的剖面测绘，是测绘工作中一个不可缺少的内容。建筑组群剖面形象反映建筑整体的空间构成层次和形式变化，各个单体建筑之间的相互关系以及体量造型的对比，使周围的环境和建筑群体构成了整体而和谐的关系。

在所测量的民居院落中，沿着其主轴方向的剖切属于横剖面，沿着左右两边厢房的剖切为纵剖面。在重要院落当中，应该增加院落纵剖面来表现主体建筑与两厢的配属建筑之间的空间及院落的构成关系。横剖面一般来说只有一个，当出现几进院落或院落规模庞大时，横剖面就不止一个了。而纵剖面，往往需要根据实际情况来定，不同的结构形式和建筑类型需分段进行剖切测绘。

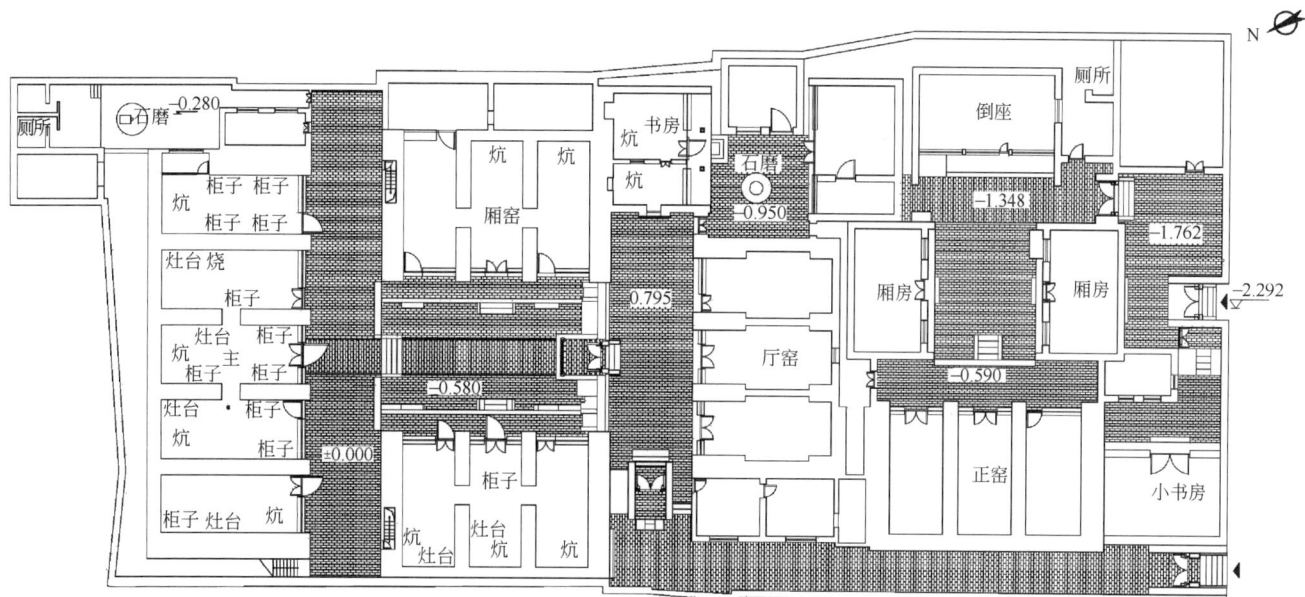

● 图 5-4　高家大院总建筑平面图

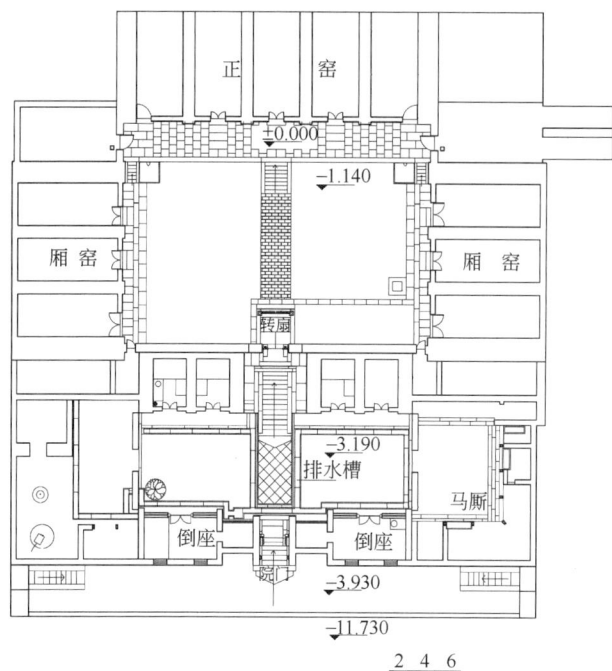

● 图 5-5　常家院总建筑平面图

1. 纵剖面图

院落纵剖面图，应该反映出院落正房与厢房的空间尺度关系、地形高差以及院落构成形式等（图 5-6、图 5-7）。

2. 横剖面图

院落横剖面图绘制时要注意院落组群之间的地形高差变化，表现院落之间的组团形式。单一院落一般只产生一组纵剖面图，当院落组群庞大时，可以产生相互平行的多条纵剖线。绘制时可将几组纵剖面图依顺序进行连接，以表现完整的地形变化与院落尺度关系（图 5-8、图 5-9）。

5.1.4　单体建筑测绘图

1. 单体建筑的平面图

在院落总平面图完成之后，要开始对院落内的主

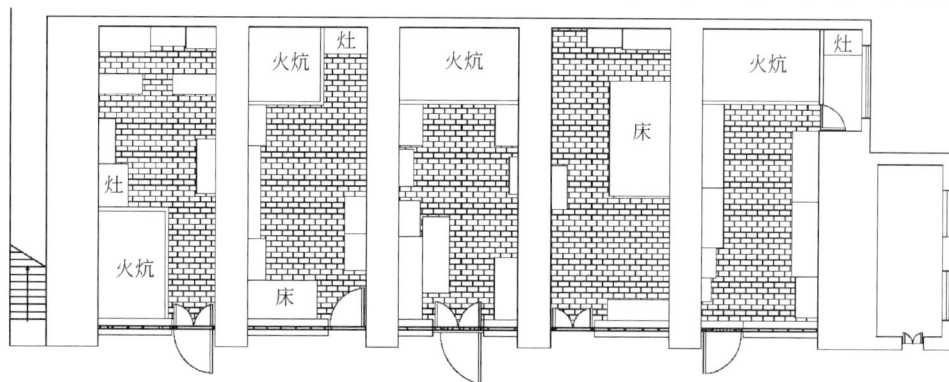

● 图 5-6　高家院主窑平面图

● 图 5-7　高家大院书房正立面、侧立面图

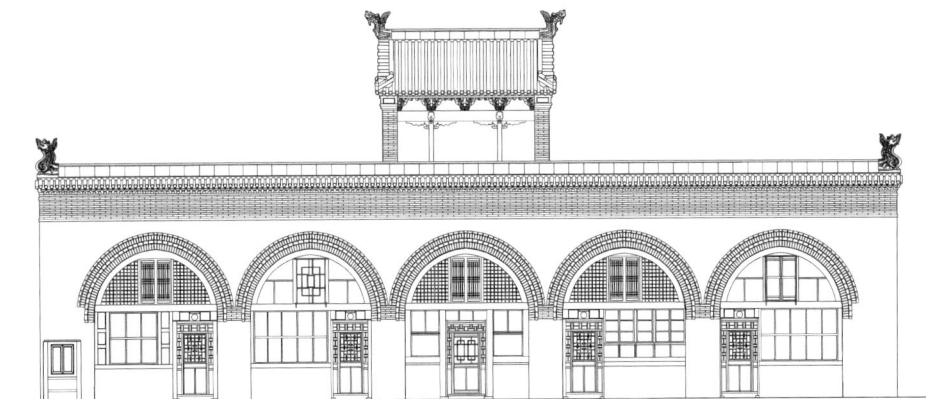

● 图 5-8　高家大院主窑正立面

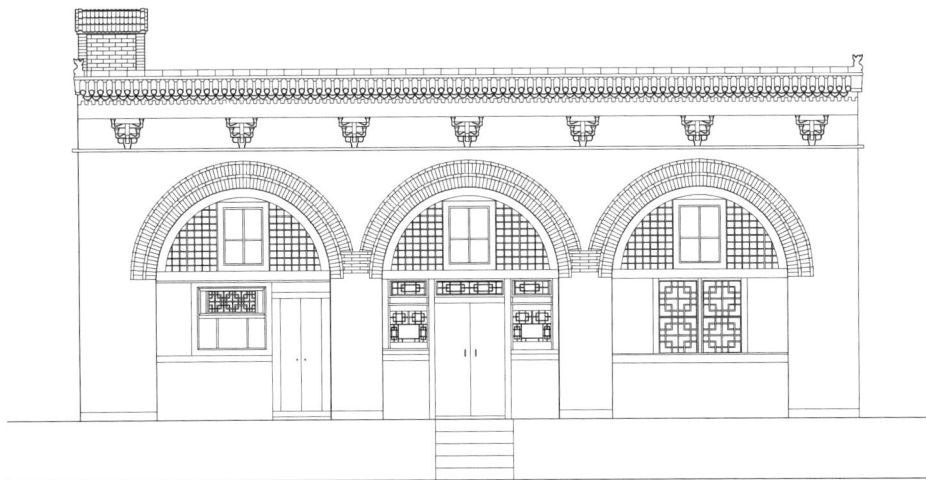

● 图 5-9　高家大院厢窑正立面图

体建筑进行细化测绘，测绘内容应该根据院落建造等级来确定，一般带有典型特征的正房、厢房、倒座、宅门、仪门等都应该属于测绘内容。

　　测绘平面时先确定建筑的一角为测绘基点，定好比例之后单体建筑的一切控制尺寸都应以此为根据。确定基点后，再依次确定台阶、室内外地面铺装、山墙、门窗、暖阁等位置。民居室内的传统家具及布置也应包括在测绘范围之内。另外北方民居中火坑及灶头的位置有过一定变动时，绘图时应注意复原其原貌（图 5-10）。

2. 单体建筑的正立面图、侧立面图

单体建筑立面图一般包括正立面图和侧立面图（图 5-11）。

在测量了横剖面和纵剖面之后，立面所需的主要结构尺寸已基本具备，如屋脊尺寸、檐部厚度、檐口高度、柱高及柱径、台基高度等，测绘时补测立面所需的细节尺寸即可。

正立面及侧立面的测绘工作可以先做出大的尺寸框架，然后再进行其他部件测量，诸如正脊、屋面、檐口、枋板、墙体、门窗、柱、台基等，也包括吻兽、脊饰、瓦当、墀头、惹草等大样图的细化测绘，由整体到局部逐一测量，最后将完整的尺寸补入正立面图或侧立面图中（图 5-12～图 5-16）。

● 图 5-10　高家大院院落横剖面图

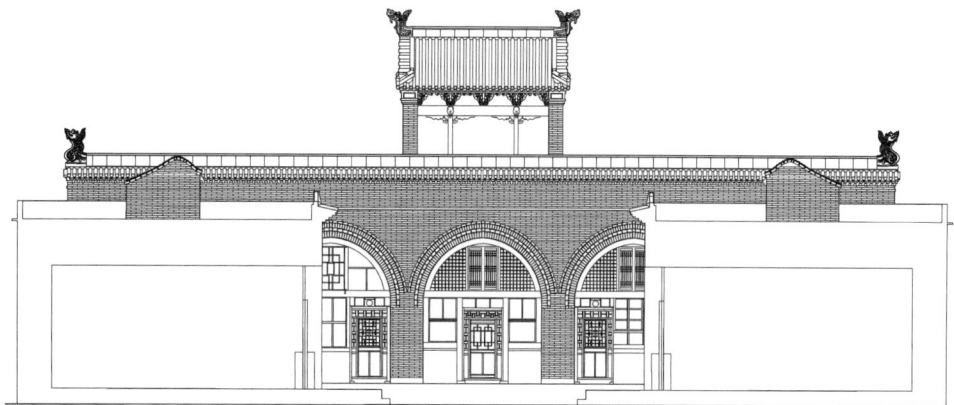

● 图 5-11　高家大院院落纵剖面图

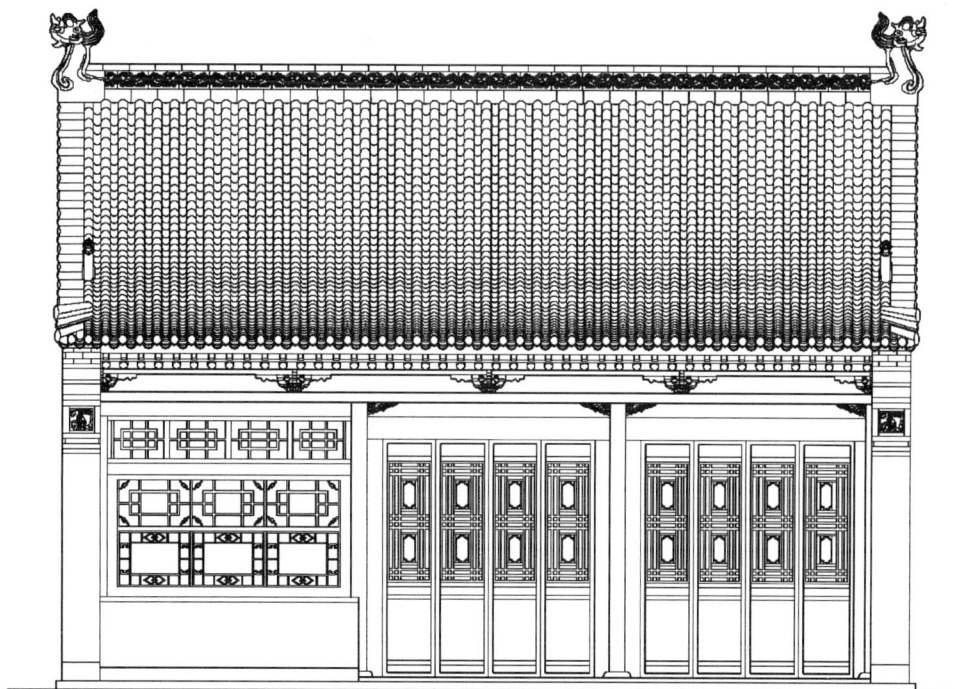

● 图 5-12　米脂县城东大街 32 号院　厢房正立面图

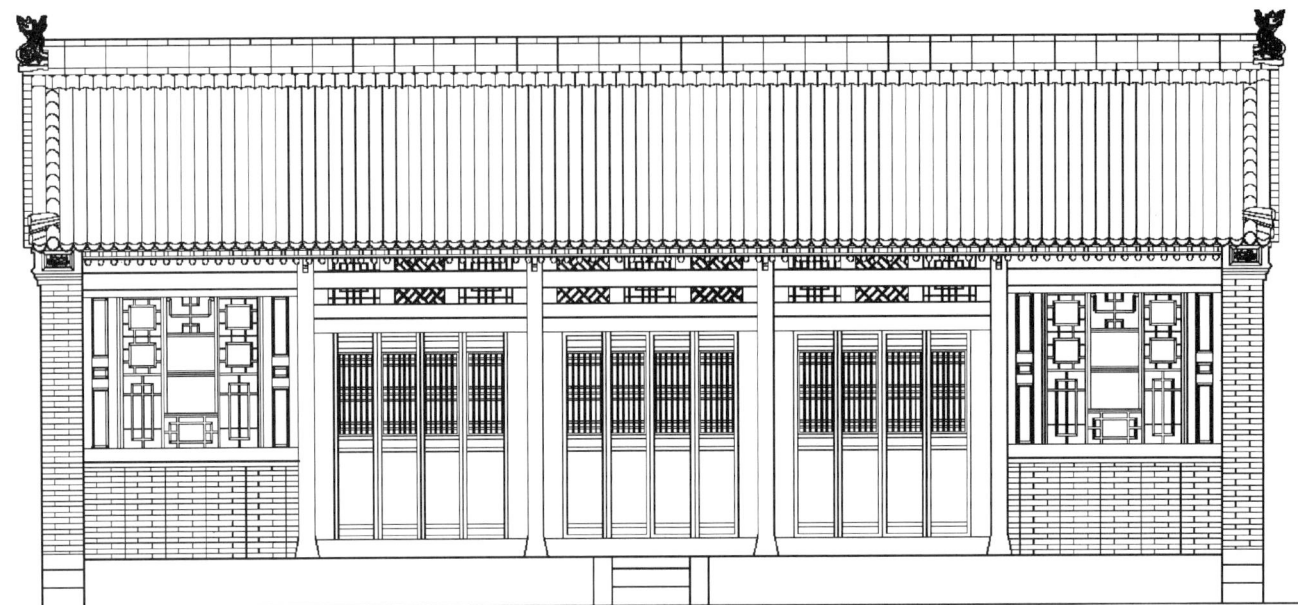

● 图 5-13　米脂县城北大街 34 号院　倒座正立面图

● 图 5-14　米脂县城北大街 34 号院　院落纵剖面图

● 图 5-15　米脂县城北大街 34 号院　院落横剖面图

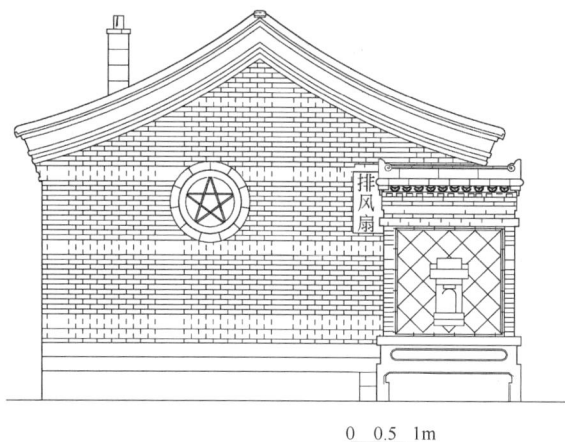

0　0.5　1m

● 图 5-16　冯家院　厢房侧立面图

3. 单体建筑的纵剖面、横剖面

（1）单体建筑的横剖面图

横剖面即沿进深方向的剖面。民居建筑的结构做法基本一致，因此只测量正房和厢房的横剖面就可以满足要求。

横剖面要求能够清晰表达屋面的构造关系，如正脊部分，应该表明正吻、盖脊瓦、正脊、正当沟以及扶脊木、脊檩的交接关系。檐部应该注意将垂脊、板瓦与筒瓦叠压关系、燕颔板、大小连檐、望板、飞檐、檐椽以及檐檩、檐柱的交接关系表现清楚（图 5-17）。

● 图 5-17　常家院仪门横剖面图

（2）单体建筑的纵剖面

纵剖面即沿开间方向的剖面。民居建筑屋顶悬山、硬山较多，测画时应注意将排山沟滴、山花、惹草等构件表现清晰。测绘时应对照"营造法式图样"将每部分构造的名称及作用搞清楚，可以将名称标示在草图中帮助记忆。

4. 梁架仰视图

梁架仰视图正好与平面图相对应，即水平剖切开向上方看。民居建筑中裸露梁架的建筑有宅门、仪门等。一般将宅门与仪门作为梁架仰视图测量的重点（图 5-19）。如在一些大型院落中出现方亭、六角亭、八角亭、园亭，也应进行重点测绘。

● 图 5-18　窑洞民居窗饰构造（吴昊拍摄）

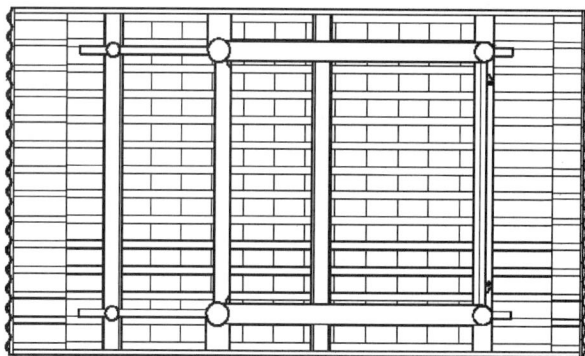

● 图 5-19　高家院仪门梁架仰视图

在进行测量时，可使用相机拍摄后，对照实体及图片测绘数据并绘图。

5. 大样图

民居测绘中较为重要的工作就是各个建筑结构的大样图测量与绘制。这部分也是测绘工作的难点。因为大部分民居维护情况不理想，大样的测绘中要时刻注意复原其原貌。立面图、剖面图，梁架仰视图的测绘过程中，会遇到大量结构细部的测绘工作，因此，大样图的测绘与绘制应该贯穿于整体测绘工作的始终，并且在最后进行细致地查缺与补漏工作。

民居的大样图一般包括以下内容。

6. 与立面相关的大样内容

（1）隔扇大样

一般情况下建筑的隔扇会分别在平面图、立面图及剖面图中出现，因此隔扇的大样图需要通过平面图、立面图、剖面图来完整的表现（图5-20～图5-22）。

（2）版门大样（图5-23、图5-24）（包括铺首、门环、门钉、门簪、角叶等）

（3）正脊、垂脊大样图

民居建筑屋顶建造结构的关系应在大样图中仔细研究与绘制。此部分在测绘图中表现为正立面和侧立面两部分（图5-25）。

● 图 5-22　隔扇大样

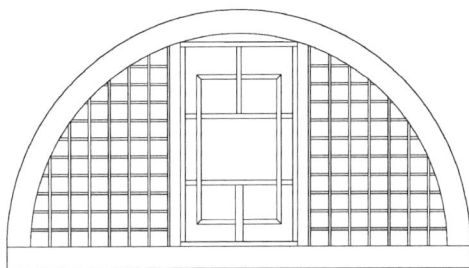

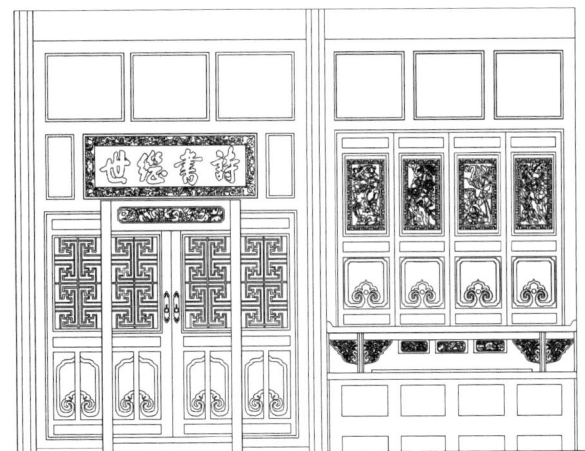

● 图 5-20　白家大院门窗隔扇大样

● 图 5-21　常家大院门窗隔扇大样

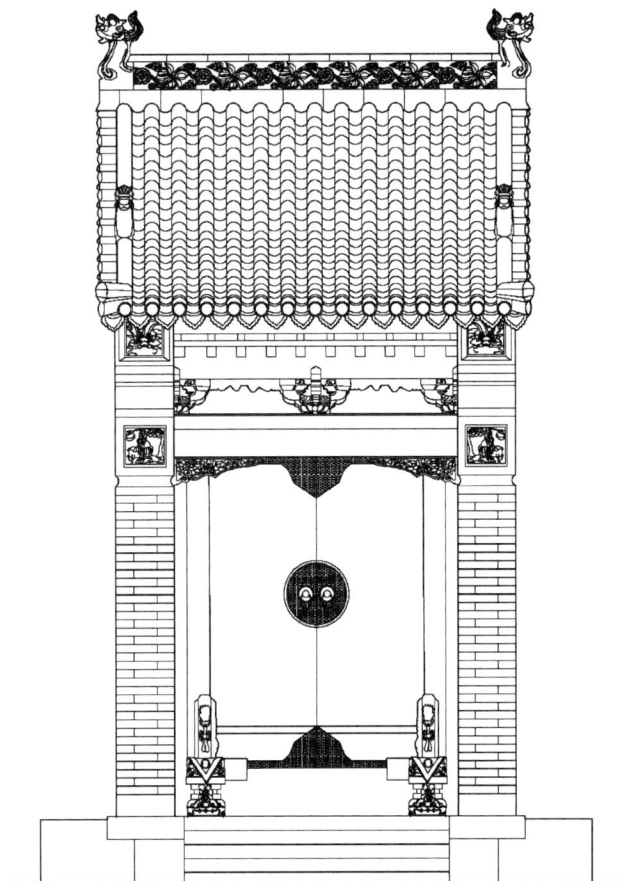

● 图 5-23　米脂县城东大街 32 号院　宅门正立面

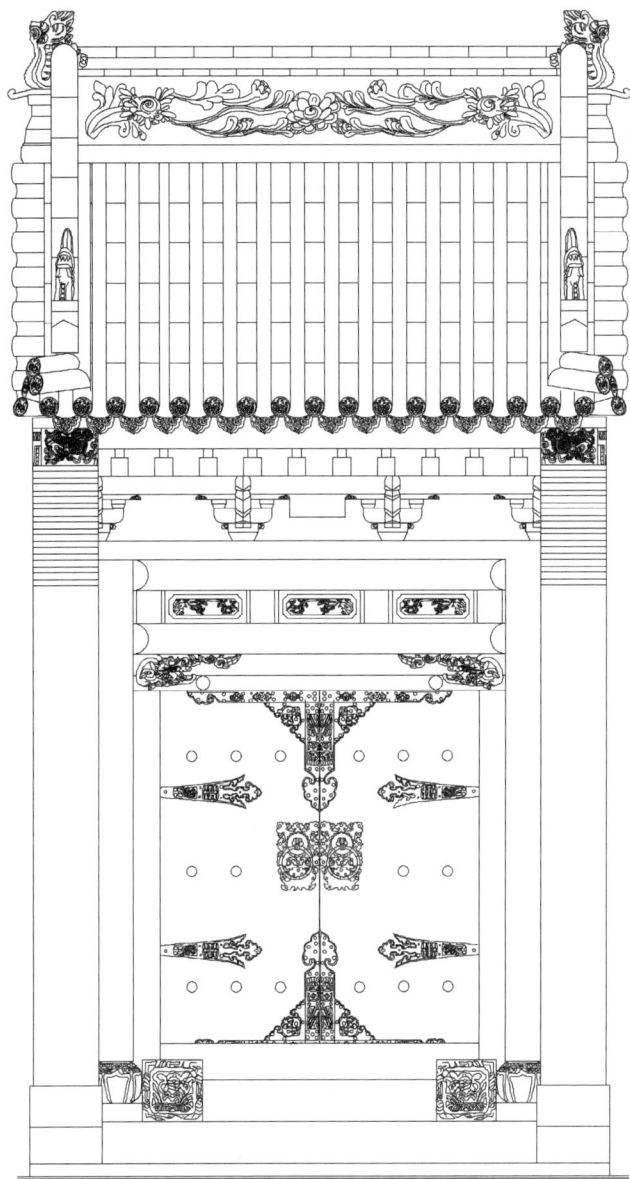

图 5-24　白家大院宅门正立面

（白家大院）　　　　　　（白家大院）　　　　　　（常家大院）

（常家大院）　　　　　　（常家大院）　　　　　　（姜氏庄园）

图 5-25　陕北地区脊兽大样图

（4）抱鼓石、上马石、门枕石、入口兽头柱大样图

此部分表现为正立面图、侧立面图。测绘时可先测量出外型轮廓的尺寸，包括每一部件的关系，分层测量（图 5-26～图 5-33）。

图 5-26　门枕石

图 5-27　抱鼓石

图 5-28　抱鼓石

图 5-29　民居门楼石狮（吴昊拍摄）

图 5-30　高家大院抱鼓石侧立面图

图 5-31　高家大院抱鼓石正立面图

● 图 5-32 常家大
院抱鼓石正立面图

● 图 5-33 白家大院
抱鼓石侧立面图

（5）瓦当、滴水大样图

瓦当、滴水正视图表现即可（图 5-34）。测绘时可先测量出外型轮廓的尺寸，然后进行正面无透视拍摄。在电脑中进行照片描绘，描绘时应注意形体结构的提炼与概括。

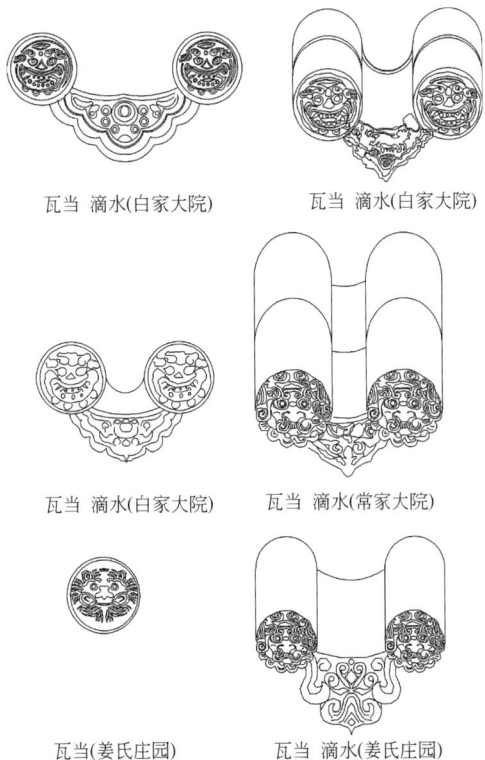

瓦当 滴水(白家大院)   瓦当 滴水(白家大院)

瓦当 滴水(白家大院)   瓦当 滴水(常家大院)

瓦当(姜氏庄园)   瓦当 滴水(姜氏庄园)

● 图 5-34 陕北地区瓦当、滴水大样图

7. 与剖面图相关的大样内容

（1）檐剖大样图

檐部需要另外绘制大样，将飞椽、檐椽、大小连檐、燕颔板、勾当、滴水以及斗栱各构件之间的关系交代清楚（图 5-35、图 5-36）。

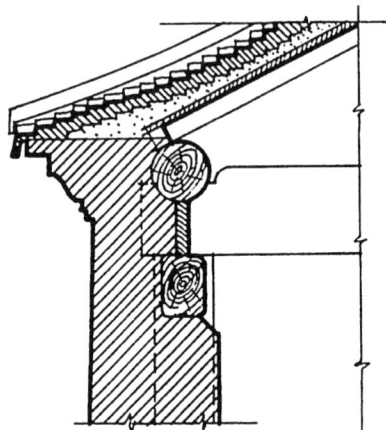

● 图 5-35 檐部剖面(摘自《清式营造则例》)

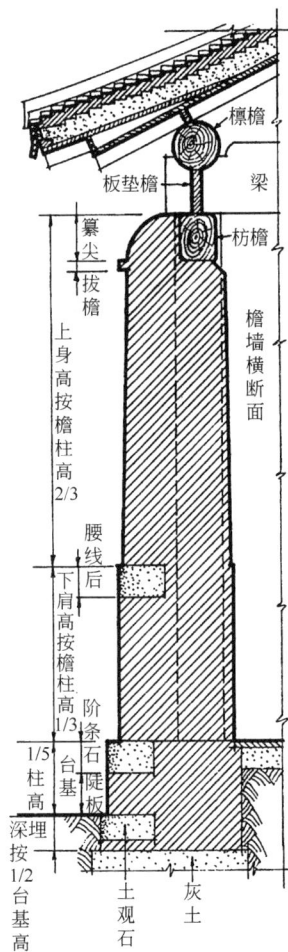

● 图 5-36 檐墙横断面(摘自《清式营造则例》)

（2）其他大样图

当室内梁架部分包含有艺术性突出的构件或是

构成复杂的斗栱时，需画大样(图 5-37～图 5-40)。

8. 与梁架仰视图相关的大样内容

● 图 5-37　民居门楼雀替(吴昊拍摄)

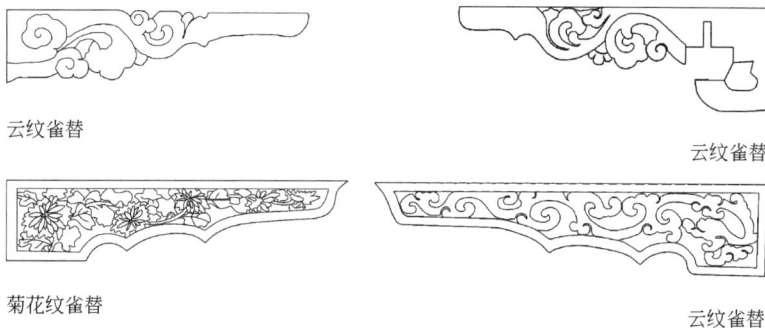

云纹雀替

云纹雀替

菊花纹雀替

云纹雀替

● 图 5-38　雀替大样

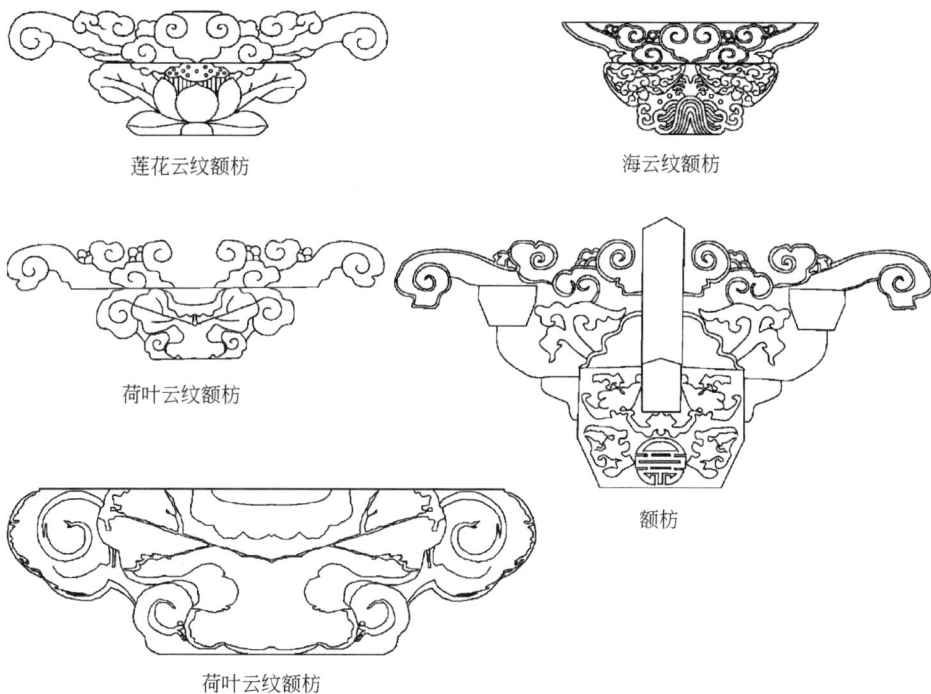

莲花云纹额枋

海云纹额枋

荷叶云纹额枋

额枋

荷叶云纹额枋

● 图 5-39　驼峰大样

● 图 5-40　蝙蝠纹惹草大样

斗栱大样

中国传统民居建筑因为屋顶形式比官式建筑做法简单，梁架的承重压力较小，因此借以传力减重的斗栱也少有需要，但是一些追求高等级建筑的官宦人家民居中也会有斗栱出现(图 5-41)。

斗栱的表现需要有三个视图：正视图，侧视图和仰视图。每个斗栱的一组视图都应标明它在构架中的具体位置，以免发生混淆。测画时，可先将斗栱数量及类型进行统计，同类别斗栱不逐一测画，只测其中一个即可。

5.1.5　生活器具三视图

民居是大众生活、生产、居住的场所。因此，人的活动在民居保护中起着很大的作用，往往有人居住的民居环境中充满生气。民居建筑也会因此产生亲切感，人类对民居的使用也正是对民居建筑的维护。

在测绘工作中，应该记录人类在建筑中生活的方式与痕迹，这些内容会通过人们的生活器具体现出来。因此，这部分的测绘也应设专人进行记录整理以及测绘。

民居中的生活器具应分三部分进行整理，即生活用具、生产用具和建筑用具。

1. 生活用具

室内家具（土坑石坑、坑头灶、桌、椅、箱、柜、小凳等）（图5-42、图5-43）

厨具（前锅、后锅、水瓮、笼篦、风箱等）（图5-44～图5-47）

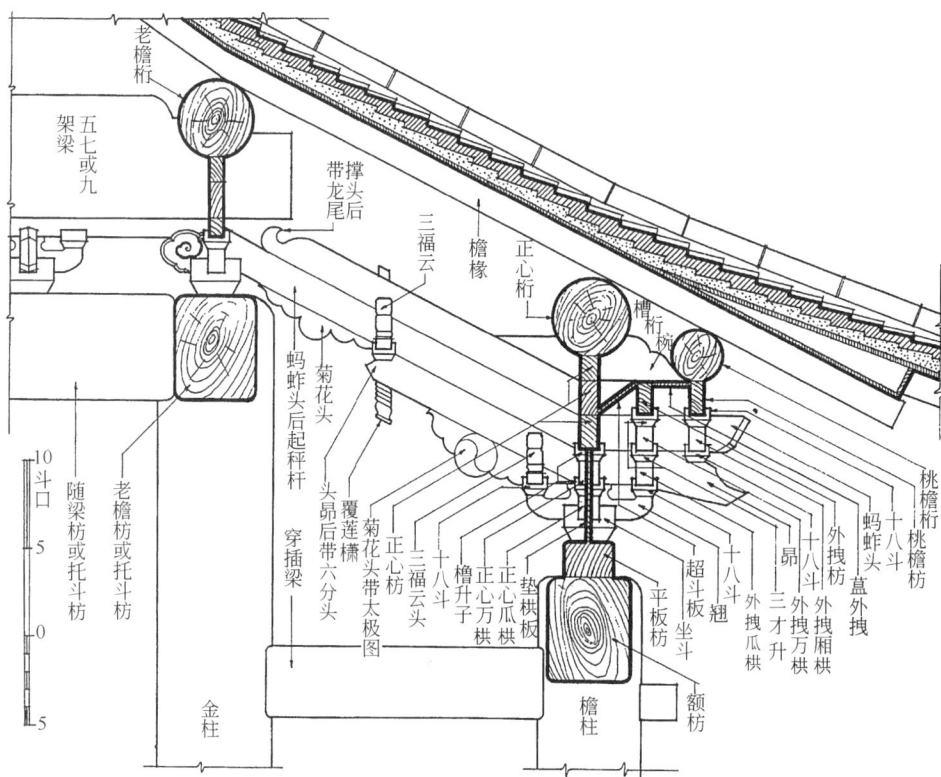

● 图5-41　斗栱(摘自《清式营造则例》)

● 图5-42　民居生活用具(吴昊拍摄)

● 图5-43　民居室内家具陈设(吴昊拍摄)

● 图 5-44 笼箅

● 图 5-45 炕头灶

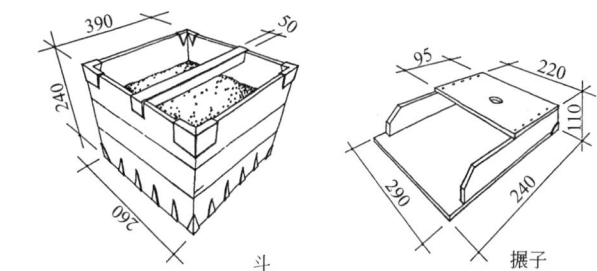

说明:斗:用于收储粮食或作物度量单位;材料用木质体,边角用铁制倒角,使其牢固。
攞子:用于收取粮食全体不剥。
托盘:袋放盘碗置放在盘于时上用。

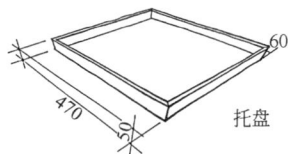

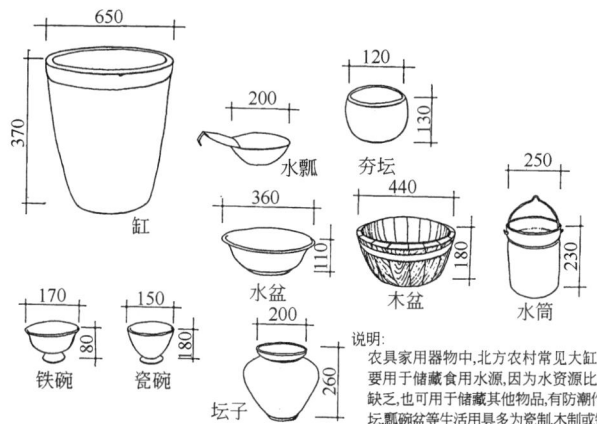

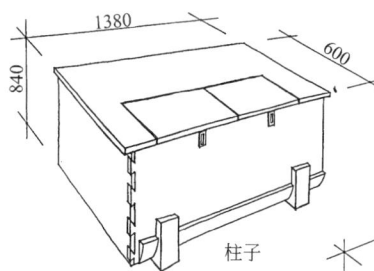

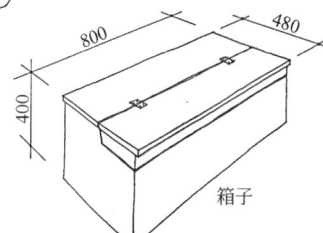

说明:
农具家用器物中,北方农村常见大缸,主要用于储藏食用水源,因为水资源比较缺乏,也可用于储藏其他物品,有防潮作用,坛瓢碗盆等生活用具多为瓷制木制或铁制。

柜3:一段体积比较大,盛放东西比较多。用于盛放衣物或粮米等,全木别结构,同体较牢固,有柜脚,北方农村较多用。

箱3:体积相对较小,可用于存放衣物或物或日用品,全木结构,箱门关节颌钉接,无脚,不可将箱体直接放置地面,一段下面置有托架或垫物。

● 图 5-46 农家基本生活用具

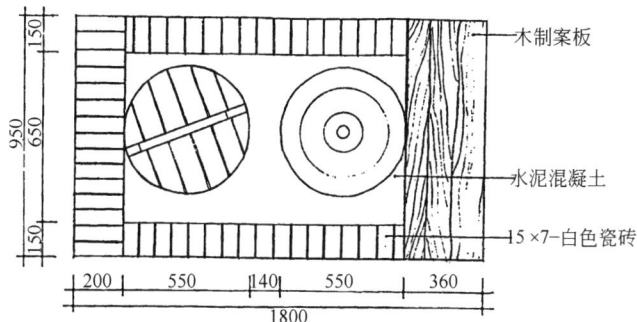

木制案板
水泥混凝土
15×7白色瓷砖

● 图 5-47 灶台平面图、立面图

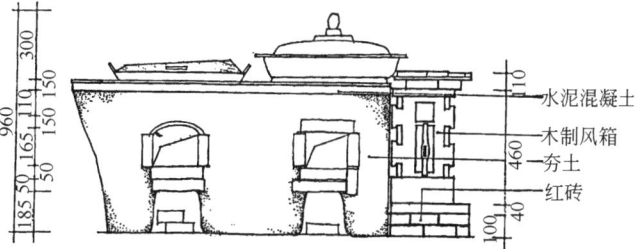

水泥混凝土
木制风箱
夯土
红砖

其他生活用具

2. 生产用具

石磨、耕犁、锄头、铁锨、运输工具(驴车、手推车)
(图 5-48～图 5-50)

● 图 5-48　驴车

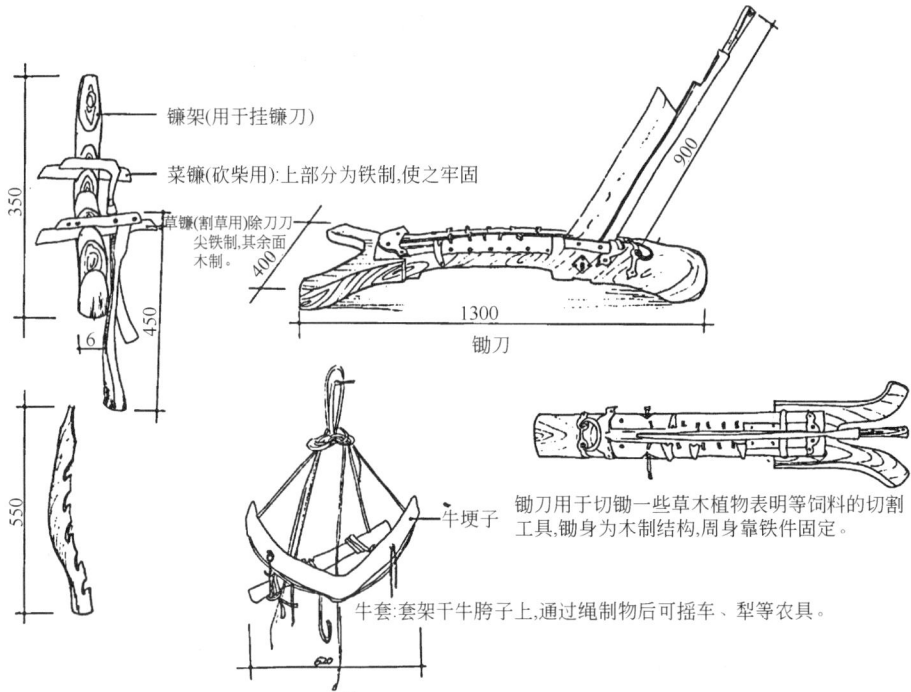

镰架(用于挂镰刀)

菜镰(砍柴用):上部分为铁制,使之牢固

草镰(割草用)除刀刀
尖铁制,其余面
木制。

900

锄刀

1300

350

400

450

16

550

牛埂子

锄刀用于切锄一些草木植物表明等饲料的切割
工具,锄身为木制结构,周身靠铁件固定。

牛套:套架干牛胯子上,通过绳制物后可摇车、犁等农具。

● 图 5-49　农具 1

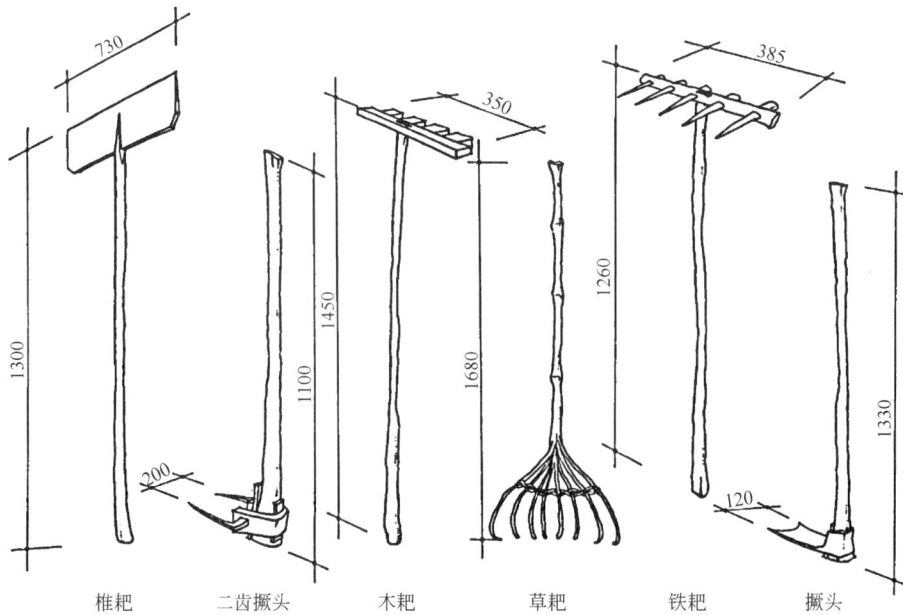

730　350　385

1300　1450　1100　1680　1260　1330

200　120

椎耙　二齿撅头　木耙　草耙　铁耙　撅头

● 图 5-50　农具 2

3. 建筑工具

建筑工具是民间建造房屋时，自发创造的带有浓厚地方特色的工具。各地工具的种类与样式各不相同，是民居建筑研究方面珍贵的研究资料。这些都是帮助我们全面了解民居建筑建造情况的重要信息，应该仔细认真地记录下来不可忽略，而且还要有意识的寻找和搜寻这些宝贵资料（图 5-51、图 5-52）。

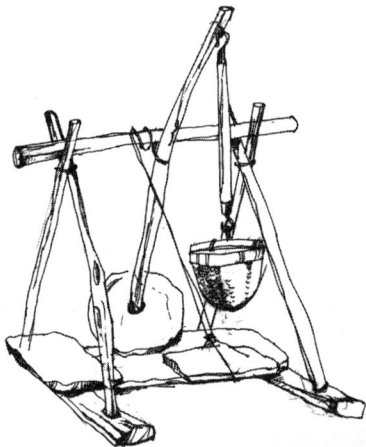

● 图 5-51

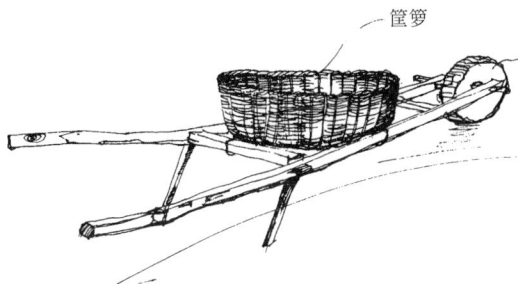

筐箩

● 图 5-52

建筑工具的收集与测量过程也是探访与发现的过程。

5.1.6　测绘报告

测绘报告是测绘工作不可或缺的文字记录资料，完成报告应该先将测绘对象各方面资料进行收集整理，包括：地方史、文献、建筑物建成时间、主人身份以及民居院落内外的装饰题材、题记所记载的相关史实等。通过测绘图纸及测绘报告更完整地体现测绘当代的建筑留存状态。除了记录测绘对象的全面信息之外，测绘报告还应记录测绘工作中的各种实际情况。

下面将列出一套完整的测绘报告格式。在调研与编写时，可以根据具体情况进行补充与删减。

测绘报告（××省××县、市××街××号××院测绘报告）

测绘对象记录

院落名称

地点

建成时间与背景

创建时的基本状况

现状

历代历次的增修、或改建或重建情况

相关的历史事件与人物

————————————————————

建筑组群

总体布局

规模（占地面积，院落的数量、居住格局）

环境关系

单体建筑

平面形式（面阔、开间）

结构（梁架，……）

屋顶形式（硬山、悬山）

装饰形式（院内、院外）

彩画

砖雕

石雕

附属文物简介

————————————————————

测绘相关记录

价值

测绘工作记录

测绘图纸说明

测绘过程中发现的问题与情况

（建筑的改动情况，构件的损毁、变形、缺失，地基下沉，……）

测绘时间

测绘人

5.2　民居测绘的方法

5.2.1　测量的基本原则和方法

1. 基本原则

（1）从整体到局部

这是一条重要的测量学原则，目的是限制误差的扩大化，也就是说先测量控制性尺寸，如：确定院落测量基准点，建筑间距、平面高程等，有了范围尺寸的确定，再逐步进入其他局部测绘工作。

（2）方正、对称、平行不能假设

测绘工作是以数据为依据的工作，不能随意假设，或按照视觉特征进行主观判断。

矩形平面要进行对角线及对应边长测量来进行认定。垂直正交也应通过设备检测方可确认。进行竖向测量时也应注意与地面是否垂直，争取获得最准的测量数据。

（3）其他特定情况

① 拱券测量

中国民居建筑中存在部分带有拱券样式的建筑。在测量时还应分辨其属于哪类型特征，常见的拱券有半圆券、双心券、锅底券（抛物线券）、扁券等形式。例如窑洞民居的拱券属于锅底券（抛物线券），这种拱券是没有固定圆心存在的，因此，在测绘应多测取定位点进行连接（图5-53）。

● 图 5-53　窑洞建筑测量

② 构件大样测量

在选取构件进行大样整理时，应注意统计类型数量，分辨构件的差异，选择带有典型特征的建筑构件进行测量。在采测数据时要固定对象进行测量，应该由一组人在同一件构件上测画完成，数据切莫"拼凑"，以免发生偏差。

③ 数据读取

除了正确使用测量工具，纠正测绘误差外，数据读取也应注意准确化。数据读取时读取目光或读取物应该垂直于尺面，不可带有角度进行读取。测高时，应该借助梯子等辅助物帮助读取，或者将读取点放在地面上，将尺头置于测量物的顶端进行读数。

2. 测量的基本方法和注意事项

（1）小组配合

测量由小组中的2～3人配合进行，1人勾画草图，并记录数据，是测量的主导者。测量人根据记录数据者的要求进行目标测量并读数（图5-54）。

● 图 5-54　3人小组配合

（2）读数技巧

测量人在读数据给记录人员时，应该连续读数，不能分段读数，可以让记录人员自己计算整体尺寸。这样不仅可以提高效率，而且减少了误差的积累。

（3）单位统一

在测量与绘图时，应该以毫米为单位，开始测量之初应该统一单位，以免记录时数据混乱。

（4）避免工具的使用误差

使用皮尺、钢尺进行测量时，要注意平行与垂直，必要时可使用铅垂来作为标准。皮尺测量要注意拉紧与放松时数据的误差，避免因工具的弹性而导致测量工作进行重复。

（5）尾数的读法

读取数值时精确到小数点后一位。尾数小于 2 省去，大于 8 进一位，2～8 之间按 5 读数。例如：实际测得的 58.3cm 读数为 58.5cm，36.9cm 则读为 37cm，22.2cm 读为 22cm。

（6）尺寸标注

测绘时尺寸标注只在坐标纸放样草图中进行，便于进行正式的电脑绘图时进行数据查阅，在电脑绘图中，尺寸标注过多会影响图面，可以不做尺寸标注。

标注尺寸应有秩序，可按照施工图标准进行组内统一，以免出现图纸标注混乱，导致正式绘图时困难。

有些构件的尺寸往往在多个草图中都需要，测量时可在其他图纸中引注清楚，避免重复劳动。整套图纸还应该随时查漏补缺，避免因此导致的尺寸漏测。

5.2.2　各阶段测量工作要点

1. 熟悉现场

测绘小组到达测绘地点后，首先要做的工作就是熟悉现场，熟悉现场也是对工作难度以及工作量的把握。在不打扰居民的情况下，可以进行简单的攀谈，掌握测绘地点的民间信息。

2. 绘出测量草图

现场绘制测量草图一般分采集数据草图与坐标纸放样草图。

（1）采集数据草图

采集数据草图是测绘的第一步（图 5-55），所有初期测绘数据标准都集中在此草图上，之后由测量者对数据进行规范与整理。

（2）坐标纸放样草图

现场进行的坐标放样草图则更为标准和工整，也是整理数据、检查遗漏的必要工作（图 5-56、图 5-57）。2～3 人的测量小组，可以在白天集中进行数

● 图 5-55　数据采集

● 图 5-56　坐标纸放样草图

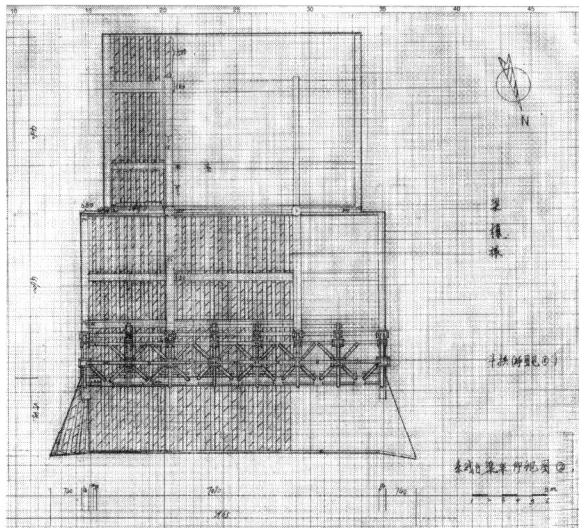

● 图 5-57　坐标纸放样草图

据采集，利用夜间进行坐标纸放样草图的整理。记录数据时，可以每人记录一组，2～3 人轮流，测量工作完成后，由组员负责整理自己记录的数据。如

有遗漏，可在第二天工作中补测。

在进行坐标纸放样草图时，应注意遵循以下原则。

① 确定比例

草图绘制之前，应该先确定比例，并在草图中进行比例标注。如果比例过大，同一内容在一张图纸上容纳不下；比例过小则内容表达不清、并给标注尺寸与文字带来不便。所以要根据草图内容的多寡、繁简选择合适的比例，既能够表达清楚又留有足够的注记空间。

② 线条清晰

草图中的每一个线条都应力求准确、清楚，不含糊。修改错线时，应该用橡皮擦掉重画，不要反复描画或加重、加粗。

③ 线型区分

应区分剖线和看线、分体线等几种基本线型，使线条粗细得当、区别明显以免混淆。

④ 引注大样

草图中包含有需要另外绘制大样的构件或细节部分时须在图中标明。整套草图中，各个相对应的图纸都应进行索引及标注。

⑤ 编号

每张草图都是整套图纸中不可缺少的内容。草图右下角都应有完整清晰的图号、图名、日期、指导教师、绘图人、审图人等图框内容(图5-58)。

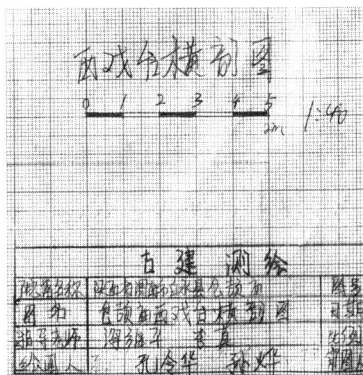

● 图5-58　坐标纸放样草图

⑥ 审图

草图全部绘制完成之后，全组成员应集中在一起进行全面的检查与核对。其内容包括将草图与测绘对象进行比对，排除漏错。还应该将内容相互关联的草图汇合在一起验看是否完整，同时要注意检查同一测量内容在不同草图中出现时是否一致，并将图纸统一编制序号。确定草图没有遗漏和错误之后才可以进行下一阶段的电脑绘图工作。

3. 测量

量取数据和数据标注需要分工完成，标注数据的人应是绘制该草图的人，因为他(她)最清楚需要测量哪些数据。记数人说出构件名称和所需的测量部位，测量人量取数据并读出数值，再由记数人将其标注在草图上。较大的、复杂的构件由2~3人测量，1人记数，3人完成即可；较小的、简单的构件可以1人计数，1人测量，2人即可完成。

4. 标注尺寸的原则

(1) 柱

柱的尺寸由柱高、柱径两部分组成。柱高比较直观，容易测取。柱径可以用两种方法取得：一种是使用皮尺测量周长，整理数据时用周长公式计算得出柱径。另一种是直接测取直径，可以使用带有刻度的水平尺、三角板制成简易的卡尺来测量柱体根部取得直径尺寸。

民居中的柱体很少有收分，如遇到有收分的柱时，除了测量柱底与柱头柱径尺寸外，还需要将柱平分为3~4等份，分别测量每部分的柱径尺寸，然后即能够得出较为精确的收分曲线。

当柱间有墙体或格栅连接，没有完全露出时，要测量与其同一轴线上的其他柱体来确定尺寸。

如遇到方柱、六角等多边形柱，需要测量每边长度，以校核是否为正多边形。

(2) 斗栱

民居建筑中因屋顶形式简单出檐较小，柱体上方很少借助斗栱进行传力，因此，斗栱在民居建筑中的例子比较少。

斗栱的测量需要注意的是：

栱的高度应在贴近斗的部位上量取，不要在栱弯处量，栱长要一次性测出，不能用两个半栱的长度加上斗宽的方法计算得出。

斗底斜收口的角度多为60°角向内收，测量时可以用量角器测得。

斗栱的栱弯为45°角内斜，栱弯没有圆心，不可以用半圆表现，一般分为3～5等份分别测量并连接（图5-59）。

（3）屋面

测量屋面时，可以在山墙一侧用测高工具测出正脊至檐口的各部分尺寸，然后点数屋面的瓦垄数量。注意将屋面坡身部分的瓦垄数逐一点数，注意横向与竖向的瓦垄数量都需要点数，并分清那些是筒瓦那些是板瓦，计量时力求达到准确无误。

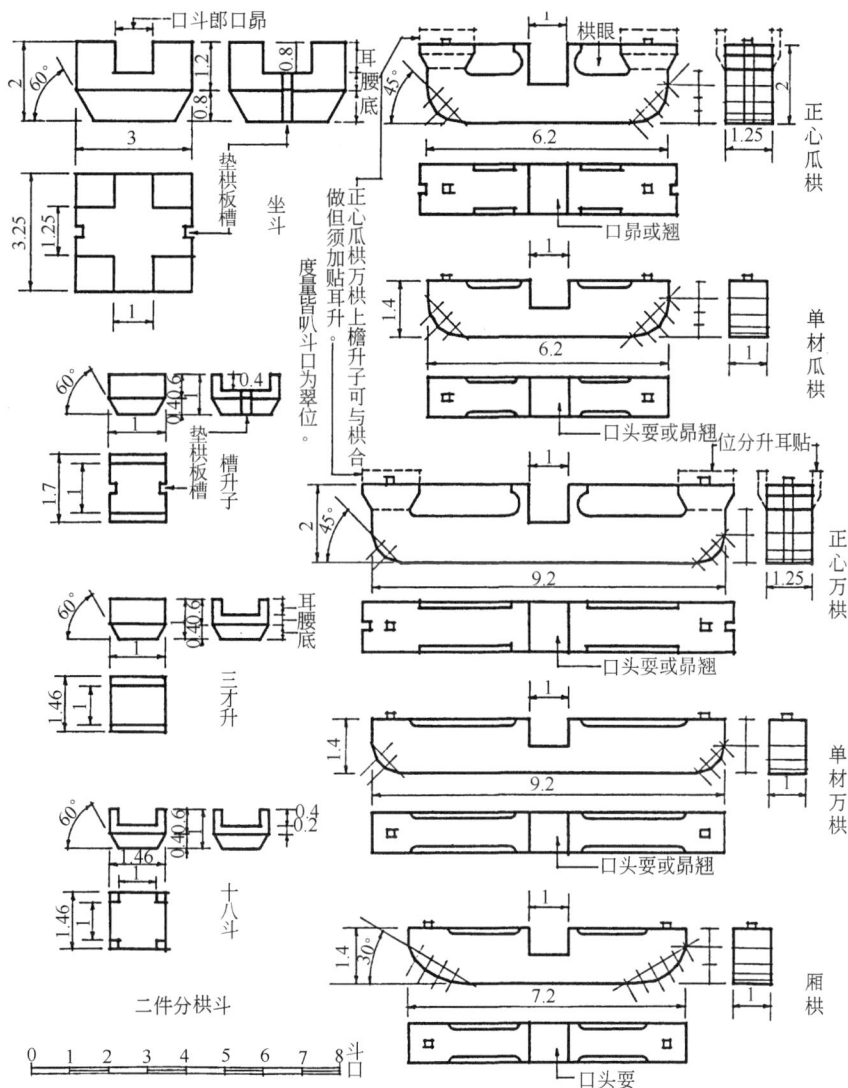

● 图 5-59 斗栱分件（摘自《清式营造则例》）

板瓦的相叠方法常见的有"压五露五"（上瓦压下瓦一半）、"压七露三"（上瓦压下瓦七分），点数瓦垄时将叠法看清楚并记录在草图中。

（4）正脊

正脊的测量要注意吻兽与脊身两部分，吻兽测量时要注意测出长、宽、高以及形式转折的几部分大尺寸，再通过图片对照绘出。脊身测量时，先测

出单个脊瓦的尺寸，并点数出脊瓦的数量，找出图案变化的脊瓦重点测量绘制出图案。另外，注意测出正当沟的尺寸和数量，并标记出来。

（5）墙

墙的厚度一般很难直接测得，应该通过测量外墙距离和内墙距离经计算得出。有收分的山墙和檐墙，需要用垂球辅助测出收进尺寸。

（6）梁架

测量梁架时，首先检查柱位与梁架是否对称，其次检查梁架前坡与后坡距离是否相等。

因为梁架间距一般与柱位对称，其前后坡多数情况下也是相等的。如果梁架与柱位对称，便可以在两柱之间找到梁架的中心线，再将其他尺寸用垂球投记于地面测量。

梁架的跨距测量应从前坡到后坡测量，如前后坡距离相等，则只测量前坡，如距离不相等，则应该逐一测量。

梁架的测量要从当心间开始，然后向两端顺次进行。

屋檐的出檐测量也用垂球将尺寸投记在地面测得。

5.2.3　摄影、摄像、速写等记录稿的整理

测量过程中我们可以借助其他相关辅助工具来完善测绘工作，为了后期制作的方便，保证在现场整理一套完整的研究资料，在测绘地点进行测绘工作的过程中除了图纸的整理之外，还应该进行生动更全面的资料收集，包括速写、摄影照片、DV拍摄等全方位记录。

在进行图纸正式绘制或放样时，只靠测稿或测量数据在有些情况下难以完成测绘图纸，尤其是一些建筑细部或大样图，当测绘草图或尺寸不能够说明问题时，我们可以查找当时的照片记录，来核实现场测绘情况，并对照测绘图纸最终达到完整的测绘终稿。所以，在测绘过程中跟踪拍摄是必不可少的，为了全面而准确测绘研究，当在测绘某一部件或部位时，应从不同角度进行拍摄。同时，为了测绘需要，有些建筑装饰应尽可能地达到正投影拍摄。为后期制作进行全面而系统的收集，从而得到最完整、全面的电子资料。

第 6 章　计算机辅助制图

随着计算机技术的应用与发展，计算机辅助设计在当今设计类学科中的应用越来越普及。计算机的飞速发展使得我们对图形文件的定义发生了质的变化，大量的批处理文件成为可能，存储介质的变化使大量的纸质信息以数码的形式存储起来。一个作业库的内容往往只需要几张光盘就可以存储，而且对于测绘数据的保存而言，电子文件还有不易损坏、便于保存的特点。合理运用计算机命令，对文件内容的多次重复使用，还可以大大减少重复性工作、减轻制图工作强度，同时也减少了因制图造成的人为误差。

然而，大量模拟工作由计算机完成，使得学生的动手能力弱化，大多数学生犯上了"计算机依赖症"，更有甚者没有计算机就不会做设计。所以在这里我们强调计算机辅助设计重要性的同时，也不能忽视动手能力的重要性。

6.1　民居测绘中的计算机辅助设计

6.1.1　计算机辅助设计的发展趋势

民居测绘课程中的计算机辅助设计大多数还是停留在二维软件的运用中，大多数传统课程只涉及平面、立面等。二维设计软件相对三维软件操作简便、易掌握的优点。但二维软件存在的局限性，使得空间常需要在大脑中才能完成三维形态的转换，一些空间不能直观地反映在学生和观众面前，不便于学生的理解与学习。在教学实践中，对于三维设计软件的应用，部分同学已进行了有益的尝试，并取得了一定的效果。三维设计软件自身的特点，有二维软件无可比拟的优越性，因此向三维模型发展是相关课程计算机辅助设计的必然趋势（图6-1）。

● 图 6-1　使用 Sketchup 绘制的透视图

6.1.2　常用绘图软件

民居测绘课程中常用的制图软件有 Auto CAD、PhotoShop、Sketchup、3ds Max 等。其中 Auto CAD 主要用于二维矢量图的绘制（图6-2～图6-4），大量的测绘图纸都需要靠此软件完成，目前已发展到 CAD 2008 甚至更高版本，但多数使用的是 2002、2006 版本。PhotoShop 作为专业的平面设计软件主要用于对图片的编辑，其中一些砖雕、木雕纹样也需要用它调整照片角度，导入 CAD 中进行矢量图的编辑。Sketchup、3ds Max 都是三维制图软件，其中 3ds Max 使用比较

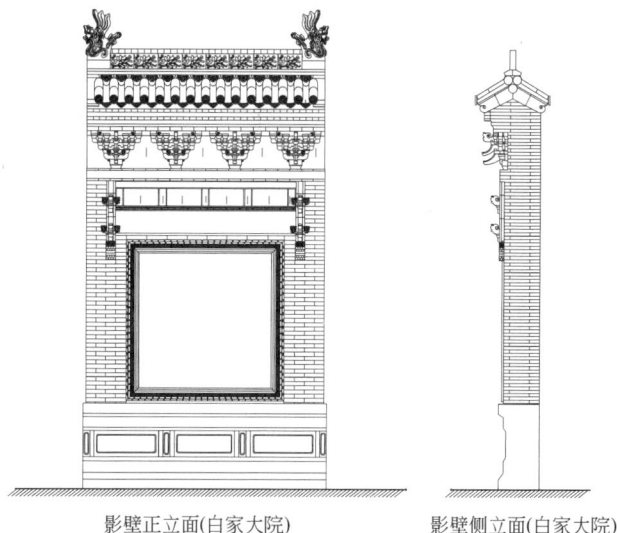

影壁正立面(白家大院)　　　影壁侧立面(白家大院)

● 图 6-2　影壁——神木县白家大院

普遍，它从 3ds 发展到今天的 3ds Max9.0 版本，是最常用的三维设计软件，具有很好的扩展性。而 Sketchup 草图大师，则是近年来新出现的三维设计软件之一，其操作简便、容易上手，对方案的推敲有很好的模拟性，受到建筑及相关专业师生及从业人士的喜爱（图 6-5）。

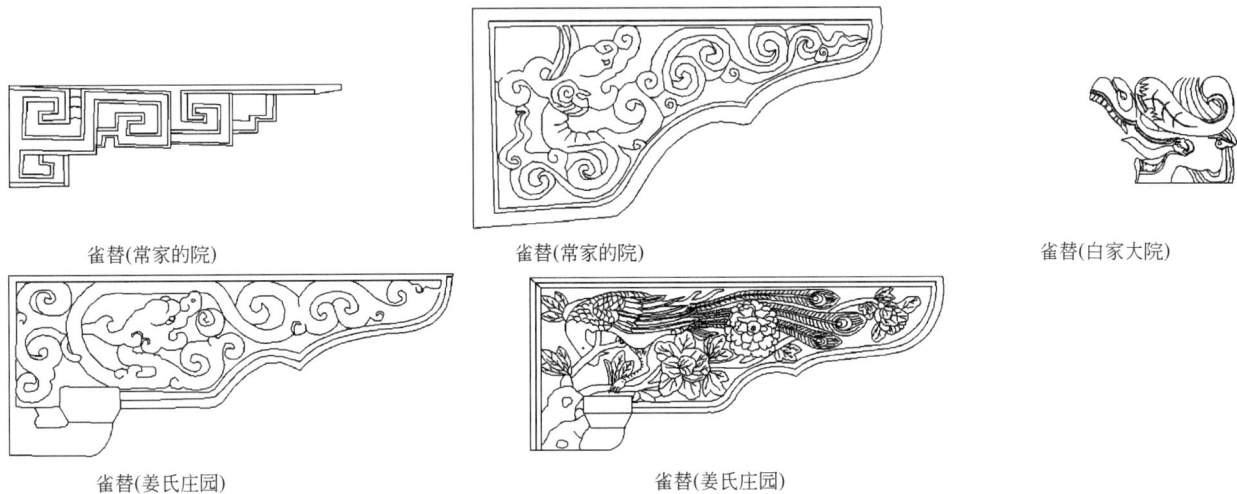

雀替(常家的院)　　　雀替(常家的院)　　　雀替(白家大院)

雀替(姜氏庄园)　　　雀替(姜氏庄园)

● 图 6-3　雀替

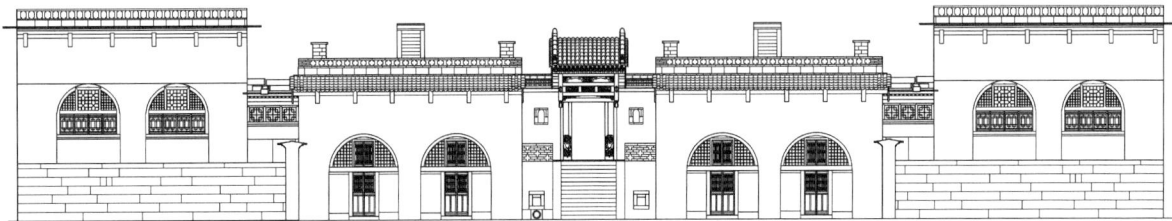

● 图 6-4　前院耳房总立面图

● 图 6-5　使用 Sketchup 绘制的透视图

过程相同，只是将手中的工具进行了变换，从纸、笔、尺转换成了电脑软件。

基本上完成一套测绘图纸的步骤如下：

（1）新建 CAD 文件、新建图层、画轴线、画墙体、门窗等、加粗轮廓线、标注文字、添加图框、填写图签内容、标注比例尺，完成平面图纸。

（2）将标注的比例尺和文字、图框、图签等内容制作统一规范文件，全小组使用共享。

（3）根据平面（图 6-6）生成剖面（图 6-7），结合平面、剖面生成立面（图 6-8、图 6-9），根据平、立面的大尺寸完成局部装饰构件（图 6-10～图 6-12）的绘制，标注文字等，合成图纸完成内容。

这里应该注意的是，由于大部分的核对工作已经在仪器草图绘制过程中结束，在以组为单位进行制图时，可以根据每个组员的特点进行分配合作开展工作，而不必严格按照此程序绘图。另外，用于制作统一规范文件的图纸，一定要求各部分内容符

6.2　Auto CAD 的制图步骤与常见问题

6.2.1　制图步骤（根据个人习惯完成）

　　民居测绘的制图过程大体上与仪器草图的绘制

合制图规范、严格仔细检查。尤其是平面图，作为整个测绘成果的基础，一旦出现细小的误差，便可能影响到每一张图纸，造成大面积的修改。

6.2.2　计算机制图的常见问题

1. 正确定义图层

图层是计算机辅助设计软件中常用的概念之一，通过图层管理，我们可以将不同类型的民居构件放置在不同层上，以便于编辑修改和管理。每一个图层都像一张透明纸，在不通图层上完成的不同实体，叠加重合在一起，即得到最终的完整图形(图 6-13)。

民居测绘中，可按照投影因素将图层分为三大类：实体层、轮廓线层、辅助层。

实体层为建筑物的投影关系，可根据构件和类型进行分层，如墙体层、柱体层、门窗层、装饰纹样层等。制图规范中，轮廓线需要加粗为粗实线或中实线，以强化图纸的空间层次关系，起修饰作用。一般轮廓线层可分为轮廓线与剖断线两部分。对建筑的轴线、文字注解、图框、图例、比例尺等部分我们可以统一将其归至辅助层。

在日常的学习中，若不进行图层分类管理，在大量的绘图工作进行完以后就会出现图面不便修改的问题，从而影响制图速度。因此，应在日常的学习工作中逐步建立起良好的图层使用习惯，增强工作的条理性(附表一)。

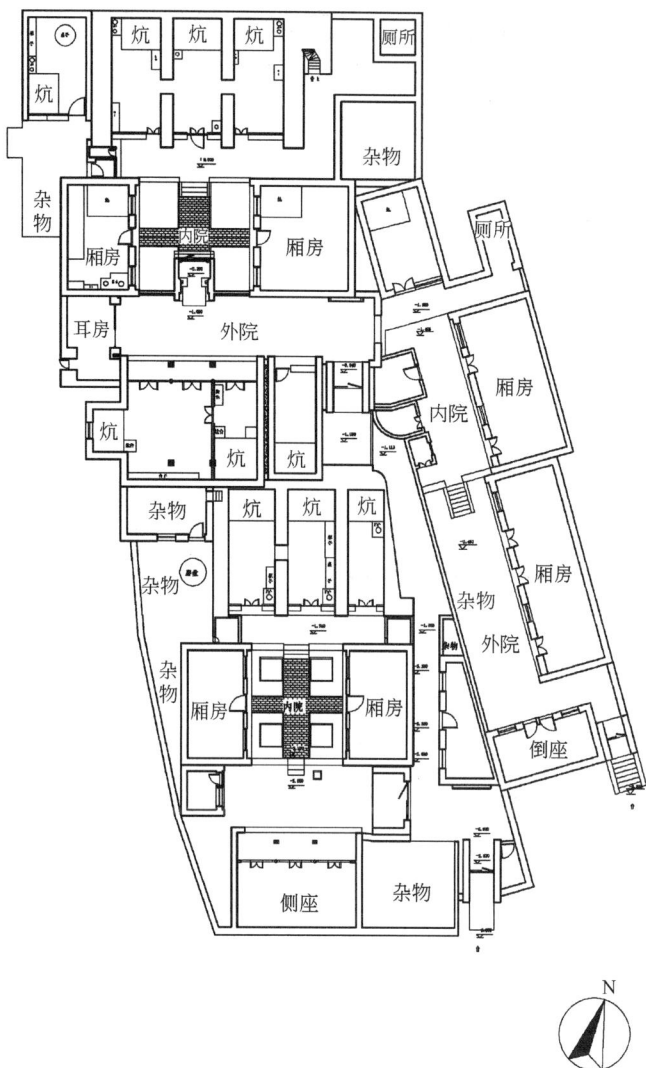

● 图 6-6　院落总平面图

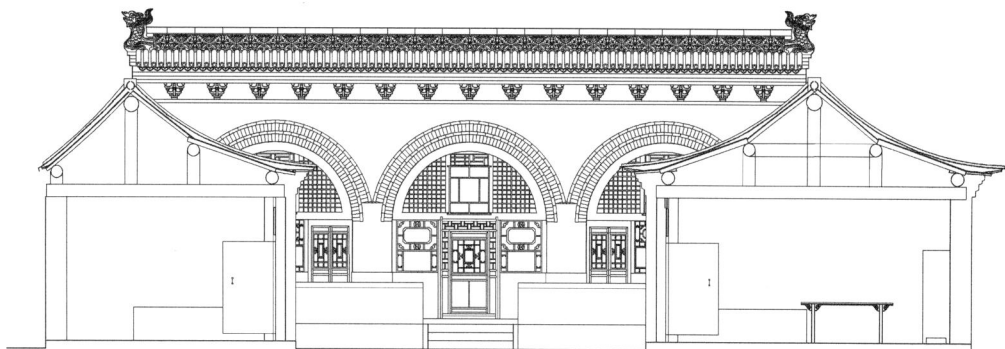

● 图 6-7　院落横剖图

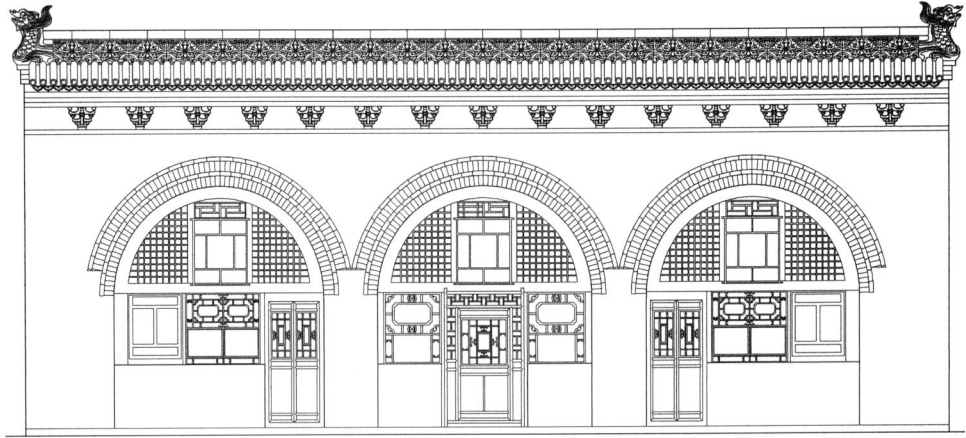

● 图 6-8　正房正立面

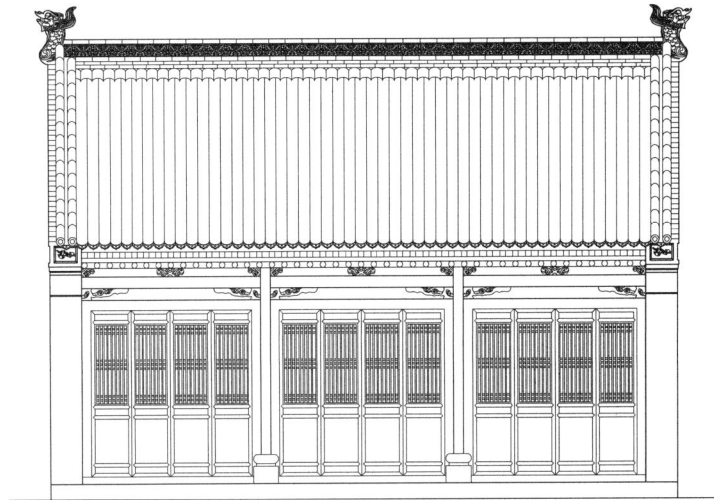

● 图 6-9　倒座正立面

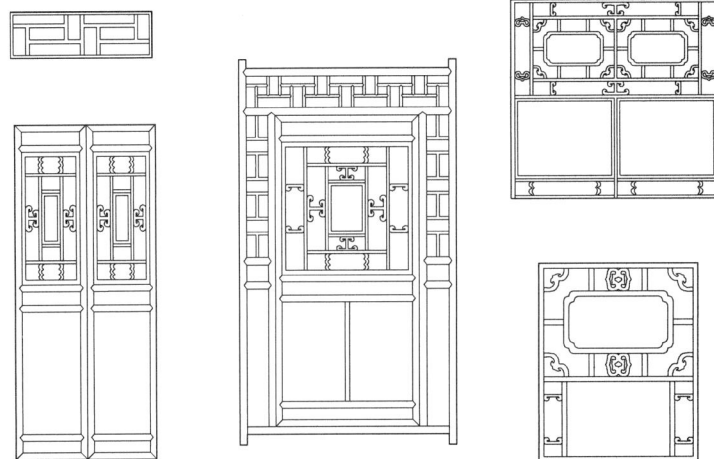

● 图 6-10　正房门窗大样

抱鼓石大样

● 图 6-11　大样——抱鼓石斗栱

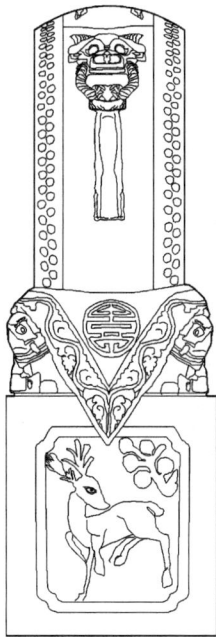

倒座侧房窗户花纹大样

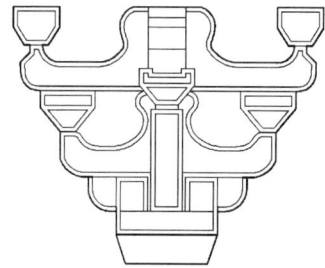

半拱大样

吻兽花纹大样

砖雕花纹大样

砖雕花纹大样

瓦当花纹大样

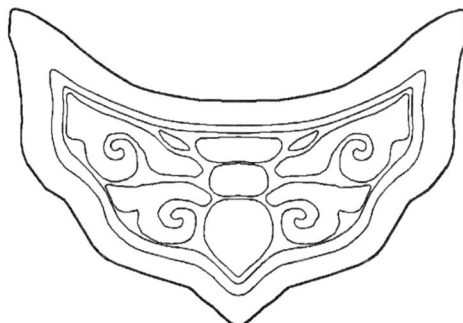

滴水花纹大样

● 图 6-12　大样——吻兽瓦当滴水

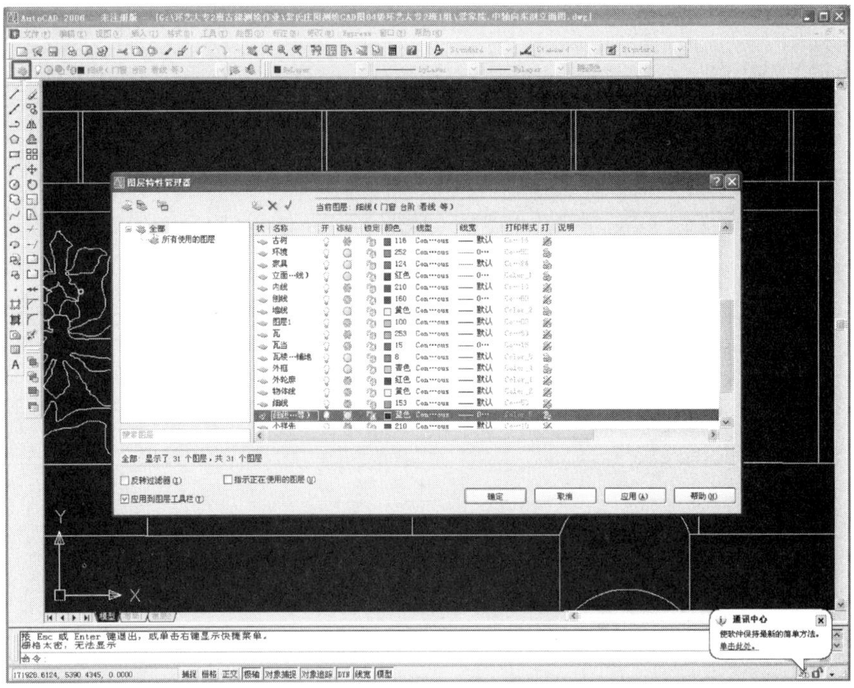

● 图 6-13　Auto CAD 图层管理器

2. 正确处理整体与局部的关系

与绘制仪器草图一致，在运用 Auto CAD 进行测绘图纸绘制时一定要控制好整体与局部的关系，包括院落总平面图与单体建筑平面图之间的关系、单体建筑平面与剖面、立面的关系、建筑立面与各个建筑构件之间的关系等。

（1）控制性尺寸与局部尺寸

依照由总到分的测绘顺序，每一张图纸都是下一张图纸的控制性尺寸，所以在制图中要求我们必须严谨认真，从测绘的一开始就竖立大局观念。控制性尺寸的误差，必然导致局部尺寸的误差，造成整个测绘工作的大面积返工修改。

（2）结构与装饰构件

在进行单体建筑绘制的过程中也同样需要把握整体与局部的关系，分清建筑的主次部分。在实际的测绘中，传统民居中的木构、窑洞的窑壁等都是主要部分，木雕、砖雕、顶瓦、瓦当等都是次要部分。一定要先进行主要部分的绘制，再进行次要部分的绘制，切不可从某个局部展开，造成尺寸的偏差。

（3）多视图统一考虑、同时进行

在制图过程中，我们可以充分利用计算机软件的优势，进行多视图的比对，统一进行。尤其在进行控制性尺寸的绘制过程中，更需要进行多视图的比对。往往由于测绘中的误测、漏测造成图纸的缺漏，在仪器草图中也不易发现，进行多视图比较后，一些错误会立刻显现出来。这需要我们进行补测或调整。

3. 避免误测、漏测

完整测量是完成图纸的开端，测绘工作更讲求其严谨性。避免误测、漏测是整个测绘工作的基础。往往计算机辅助制图的工作无法在现场同步进行，因此一旦出现了尺寸的误测、漏测，无法进行补测，这将给整个测绘数据造成无法挽回的损失。控制性尺寸一旦出现错误，可能整套数据都将无法使用。

4. 提高制图速度

Auto CAD 软件为使用者提供了多种命令输入方式：使用菜单栏输入命令、使用工具栏（在工具栏位置单击鼠标右键可定义符合自己使用习惯的工具栏）输入命令、使用命令行输入命令。多种输入方法的综合使用与掌握有利于提高作图的速度（图 6-14）。

● 图 6-14　Auto CAD 2006 界面

（1）掌握常用快捷键

熟能生巧，任何技能的掌握都是建立在大量的练习上的。掌握常用快捷键是提高制图速度的必要途径之一，只有通过双手的协调辅助，才能不断地提高使用速度（附表二）。

（2）灵活运用命令。

我们不能死盯着一种操作命令完成某部分的图纸制作。任何图形的制作都可以有多种方法得到结果，我们需要变通地理解制图命令，灵活运用，选择最适合自己的方法实现制图意图。如复制一条直线，我们可以用 COYP（复制）也可以使用 OFFSET（偏移）、ARRAY（阵列）、MIRROR（镜像）等命令。

6.2.3　制图技巧

1. 复制 COPY 与镜像 MIRROR

COPY 与 MIRROR 都是最常用的 CAD 制图命令，用于多个图形的重复使用。Auto CAD 2004 以上版本的 COPY 命令已经支持直接的重复复制，即在输入 COPY 命令后不再需要输入 m，就可以完成多次复制命令，大大方便了使用。另外，在复制时打开正交命令

F8，输入一个定量尺寸，就可完成规定距离的复制任务，相当于偏移 OFFSET 命令作用（图 6-15）。

镜像 MIRROT 命令，主要用于对称的图形。我国的传统建筑形式多都以中轴对称样式展开，所以镜像命令也是常使用的命令之一。镜像是将原有图形以一固定轴进行翻转，形成与原图形对称的图形。在镜像命令中，计算机会提示是否删除源图像，同学可根据自己的需要选择删除（Y）或不删除（N）（图 6-16）。

2. 阵列 ARRAY 与偏移 OFFSET

虽然 Auto CAD 提供了多重复制的命令，一次可以复制多个图形，但对于大量的呈规则排布的图形使用复制命令不是特别方便，对此 Auto CAD 还提供了图形阵列 ARRAY 命令，方便快速准确地复制多个呈规则分布的图形。阵列分为举行阵列和环形阵列两种，即输入 ARRAY 命令后出现的 R（矩形阵列）和 P（环形阵列）（图 6-17）。

另外，我们还常常用到 OFFSET 偏移命令。可以说偏移是一种特殊的复制命令，是在指定的距离处创建与原对象同性质的图形。其中对于直线、弧线、样条曲线等非闭合图形，就是

将原对象按指定的距离进行等距离的复制；对
于圆形、矩形、多边形等闭合图形，则是以原
对象中心点为基准，进行指定距离的扩大或缩
小（图 6-18）。

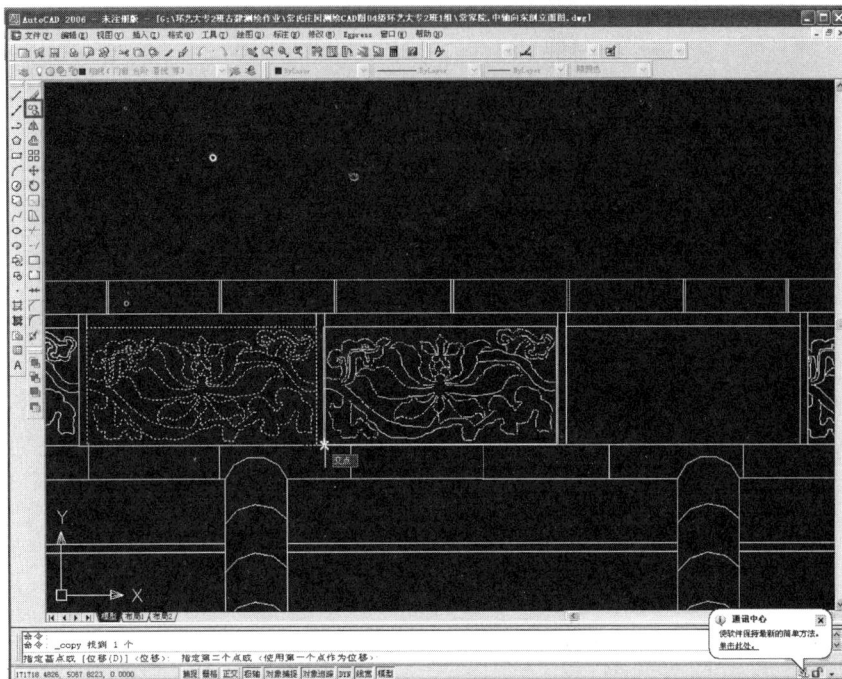

● 图 6-15　**COPY** 命令

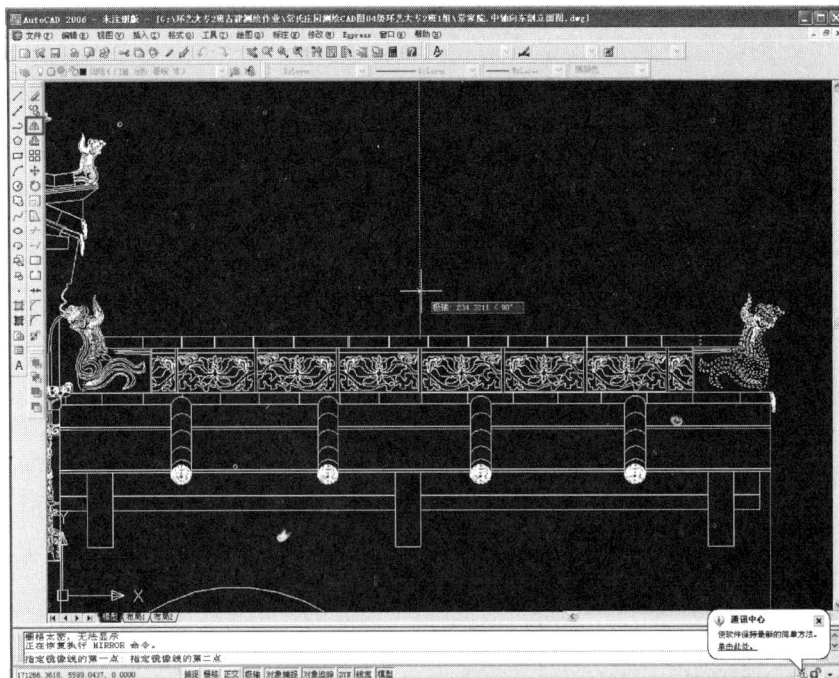

● 图 6-16　**MIRROR** 命令

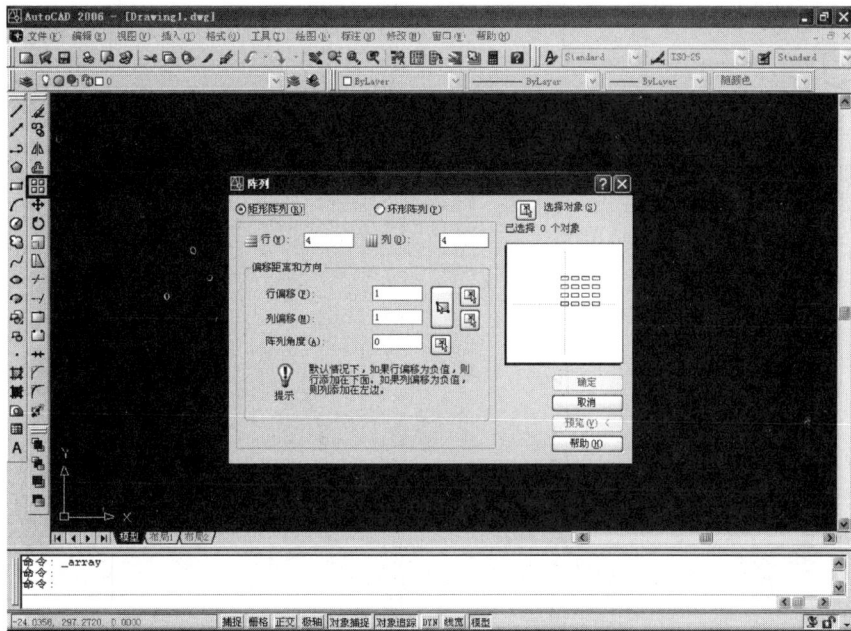

● 图 6-17 ARRAY 命令

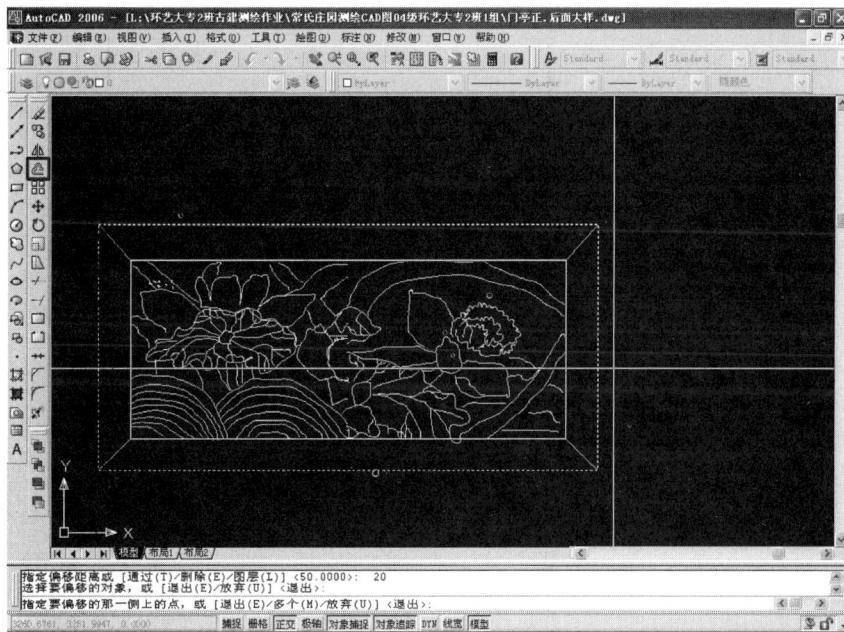

● 图 6-18 OFFSET 偏移

3. 图块的使用

图块是 Auto CAD 软件中较为常用的工具，我们将一些反复使用的图形元素归类入一定标准库，再次使用时直接将原先定义好的块插入图形，能大大提高制图效率。

创建图块，输入 BLOCK 命令，会弹出"块定义"对话框（图 6-19）。在［名称］栏中输入需要编辑成块的图形的名称，［基点］栏拾取插入的基点，［对象］栏选择需要编辑成块的图形内容，［块单位］选择默认，［说明］栏可以对编辑图块进行一定的说明，其他选项根据个人的需要进行勾选。

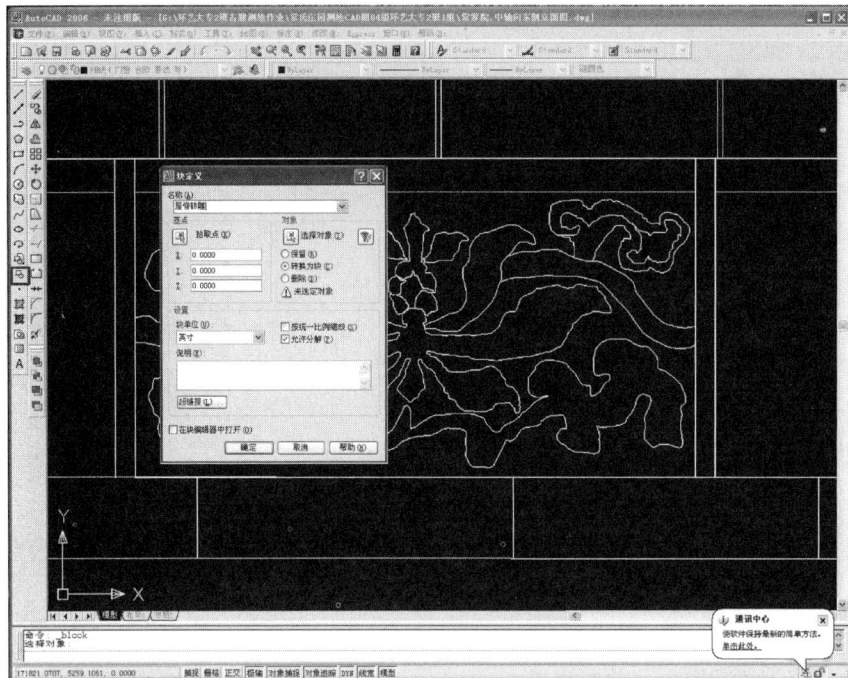

● 图 6-19　块定义命令

创建好的图块作为一个独立的图形整体，如果出现内容需要进一步的修改和编辑，Auto CAD 软件为使用者提供了图块的再编辑功能。输入"bedit"或双击所需编辑的图块，进入图块编辑器（图 6-20），根据编辑的需要进行图块的编辑。相同的图块之间以一种关联的形式存在，对一图块的编辑，可以引起全部同名图块的改动。

插入图块 INSERT 命令，会弹出"插入"对话框（图 6-21）。在［名称］栏下拉菜单中指定所需要插入的图块名称，图块也可以是一个 dwg 格式或 dxf格式的 CAD 文件，选择［插入点］、［缩放比例］、［旋转］角度、［分解］是否分解图块。

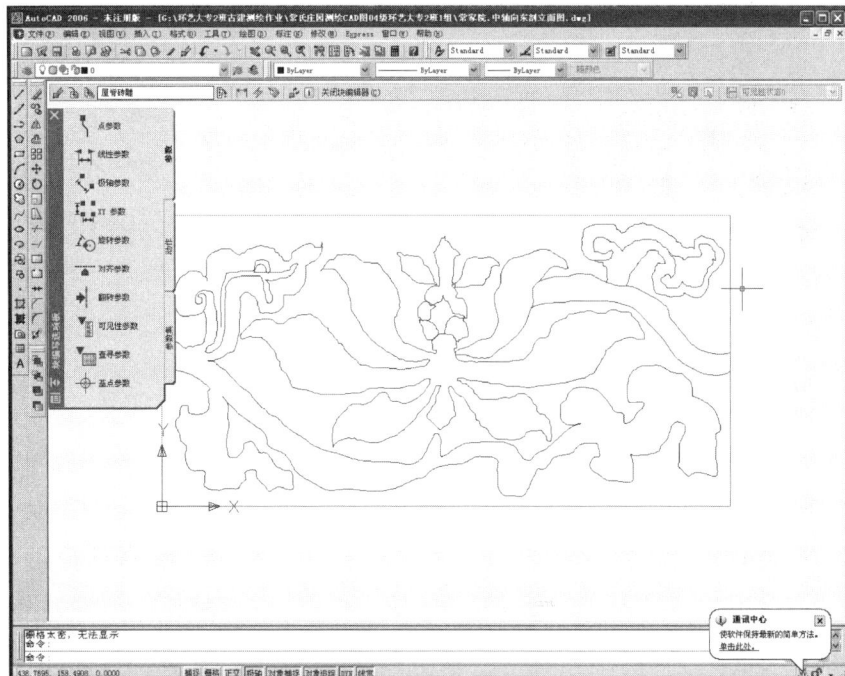

● 图 6-20　图块编辑器

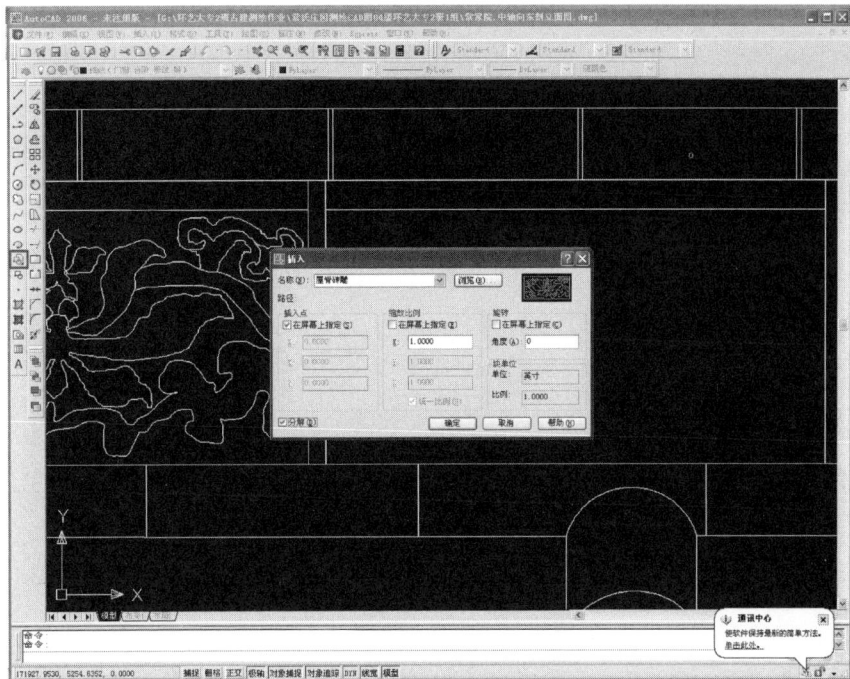

● **图 6-21 插入块**

4. 控制文件大小

民居测绘课程制图的过程中，往往由于出现大量的装饰纹样、瓦片等复杂图形，加之大多数学生对 CAD 软件使用得不熟练，造成图纸文件量过大，有的学生的文件量达到 5～6M 甚至更高。过大的文件容易造成计算机运算缓慢、图纸容易出错等问题。因此，Auto CAD 也给大家提供了给文件"减肥"的办法。

PURGE 命令，快捷件为"pu"。在命令栏中键入"pu"，弹出"清理"工具框(图 6-22)。勾选[确认要清理的每个项目]和[清理嵌套项目]，选择[全部清理]，计算机将清除图形中废弃的层、块、尺寸、线型等，对于过大的文件基本上可以减少文件量 2/3 左右。

5. 修复错误图形

Auto CAD 软件经常会出现一些文件错误，制图过程中文件会突然退出或无法打开。如何避免工作中的损失，CAD 软件提供了一些相关的办法。

首先，要养成经常存盘的习惯，使用 Ctrl＋S 键可以直接完成。另外在下拉菜单中"工具"选项选择"选项"，在"打开和保存"栏目中勾选自动保存，并选择保存时间。一旦文件损坏，可以在相应的 Autoback 文件夹中找到保存的备份文件。

第二，选择 RECOVER(修复)命令(图 6-23)，就可以完成对文件的恢复，在恢复后请将文件再次用 AUDIT(核查)命令(图 6-24)检查无问题后存盘。

第三，用插入图块的办法，将损坏文件插入新文件中，也可以解决一些问题。

6. 插入光栅图像

一些建筑装饰——砖雕、木雕、石雕等，我们通常以照片的形式进行记录。在进行测绘内容计算机绘制时，我们必须将光栅图像处理为 dwg 格式的矢量图，因此这里经常就要用到插入光栅图像(IMAGEATTACH)命令。

首先，用 PhotoShop 软件对拍摄的照片进行修正，将透视照片变成正投影照片。

第二，选择下拉菜单中的"插入"选项，选择"光栅图像"(图 6-25、图 6-26)，将图片插入文件内(图 6-27)。选择下拉菜单中"工具"选项，选择"绘图顺序""后置"，将光栅图纸置后(图 6-28)，选用较明快的青色或品红色(图 6-29)进行描绘。

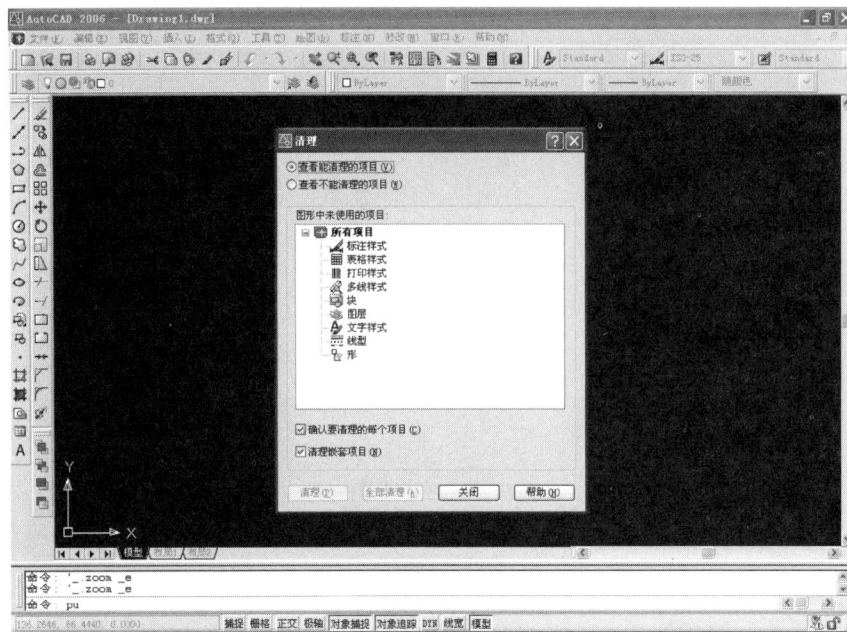

● 图 6-22 PURGE 清理

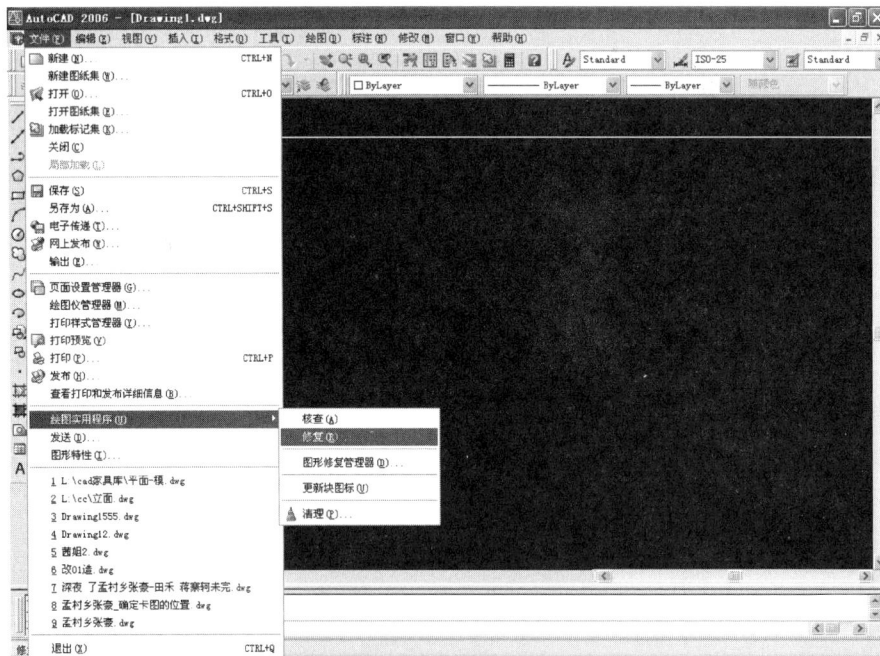

● 图 6-23 RECOVER 修复

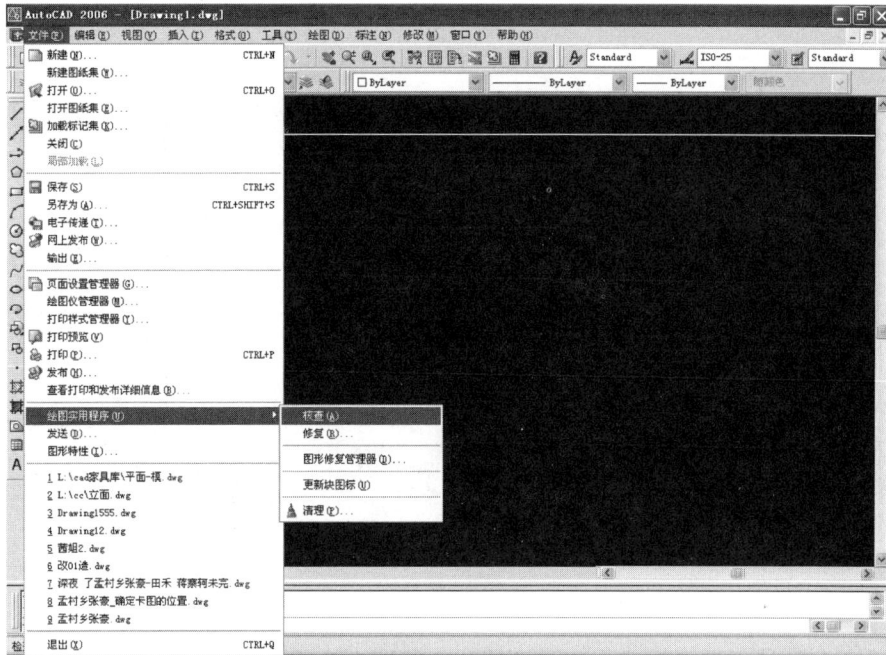

● 图 6-24　AUDIT 核查

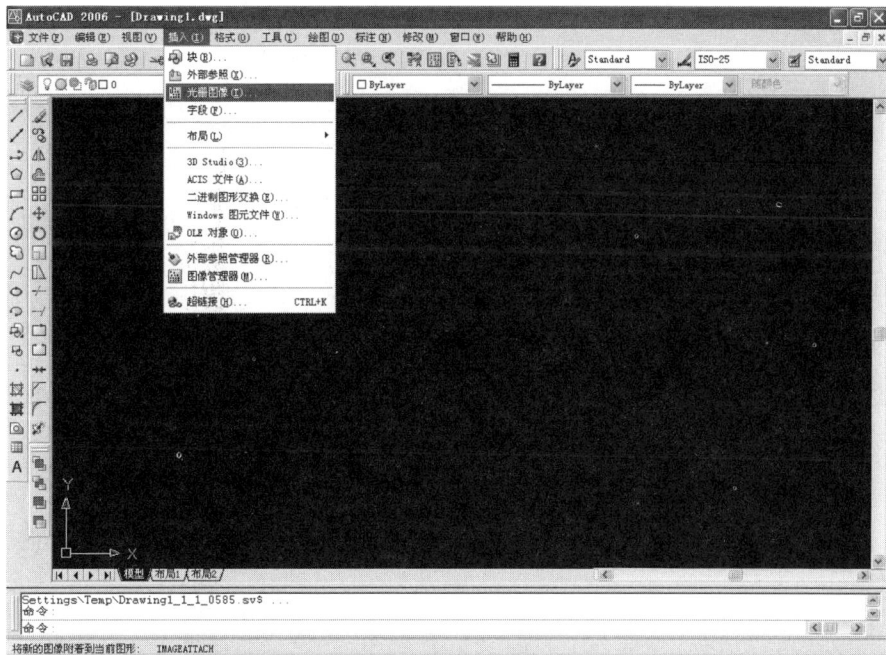

● 图 6-25　插入光栅图像

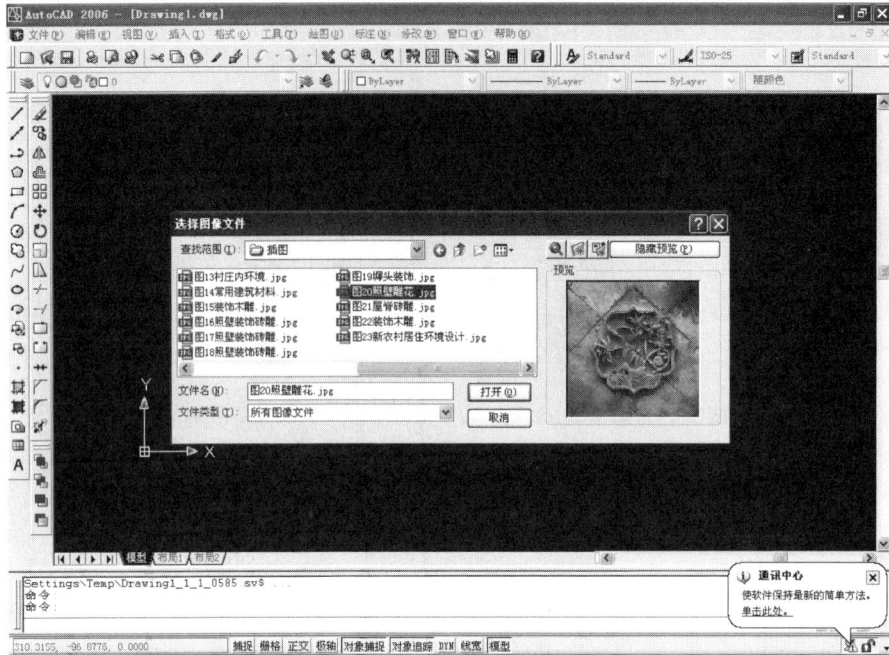

● 图 6-26　选择要插入的对象

● 图 6-27　导入雕花纹样

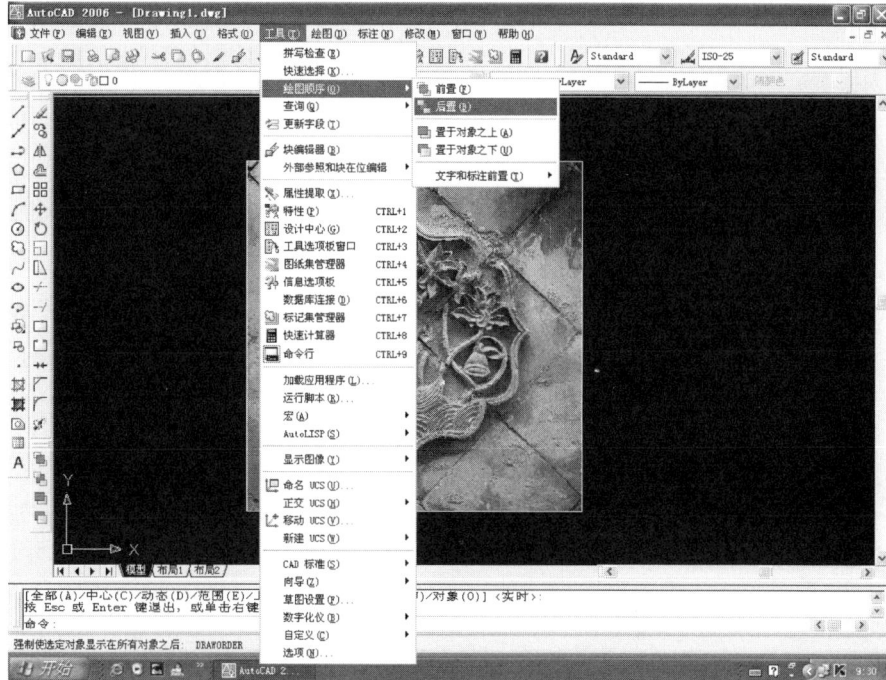

● 图 6-28　将插入光栅图像后置

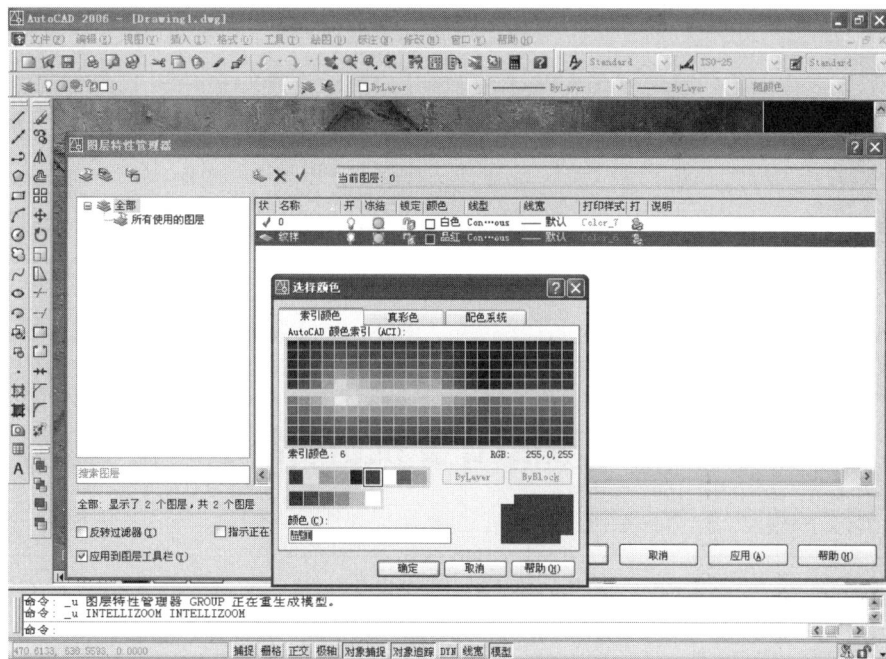

● 图 6-29　选择描绘纹样的色彩

第三，选择 PLINE（多段线）、SPLINE（样条曲线）进行描画，注意线条的概括与结构转折，调整光影对绘制对象的影响，把握整体造型的走势。做到尊重对象，但高于对象。

第四，使用 Scale（缩放）命令将绘制好的矢量图进行缩放，保证矢量图尺寸准确。在指定基点后，不输入比例因子，输入"R"命令，输入指定参考对象长度，再输入新的长度，矢量纹样就可以为指定尺寸。

6.2.4 校验存档

为了保证测绘工作的质量，校验工作必不可少。所有参与测绘的师生都要树立严格的质量意识，保证测绘数据的完整性、测绘图纸的准确性。要建立由下至上的层层负责制度，所有校验存档工作都要由每个同学做起，保证自己图纸的质量。每小组组长负责本小组的图纸质量，班长负责本班各小组的图纸质量，统计检查各组测绘图纸的完整准确性。各任课教师更要切实负责每个院落、每个同学的测绘任务的完成情况，确保测绘数据的万无一失、测绘教学的顺利进行。

校验存档的基本程序分为以下三步。

1. 上机校验

（1）在电脑上对文件名称、格式进行检查，察看是否符合统一的制图要求。

（2）检查图层设置是否规范，线型与色彩是否与图层统一。通过单独显示某一图层，检查各构件是否设置在相应的图层内，图形的色彩使用是否混乱。

（3）检查图面具体的标注是否清晰准确、字体的大小是否合理，比例尺是否与图纸大小不符，抽查尺寸中是否有不整的现象，线是否对其，平线是否水平、垂线是否垂直等。

2. 小样校验

上机校验往往不易发现图纸中的细节问题，因此在进行上机校验后，我们需要进行小样校验，并将所有测绘的电子图纸文件打印成 A3 图纸小样进行校验。

（1）检查版式的排列、图块比例选用是否合理，图纸各要素是否齐全：指北针、轴线标号、文字说明、图签内容、图名、图号，字体大小，各种制图规范符号使用的合理性，如索引号、剖切号等。

（2）线型、线宽是否符合规定的统一要求。

（3）对照仪器草图，检查图纸绘制的一致性，各构件自身和其相互之间的投影关系是否正确。

（4）对建筑装饰内容，如木雕、砖雕等内容，要结合拍摄的照片、测绘速写等进行比照，特别注意装饰构件的空间关系，注意一些内容的取舍。

3. 电子文件存档

对电子文档需要经过小组成员之间的校对、两名以上的任课教师的审核、项目负责人的最终审定，方可进行存档。

电子文件的存档主要要做文件的分类工作。如在进行米脂县东大街×××号院的测绘，文件包就应该分为［民居测绘］——［米脂县］——［东大街］——［×××号院（××组）］——［测绘图纸］［拍摄照片］［测绘报告］［小组成员］，以此建立子目录。由专人统一录入存档，并进行文件备份。

附表一 民居测绘计算机制图图层约定表

（参考依据：GB/T 18112—2000、王其亨《古建筑测绘》表 10-1）

	代号	中文名	含义解释	颜色	线型	备注
实体层	WALL	墙体	Walls 墙体	254	continuous	包括室内、室外
	WNDR	门窗	Windows and doors 门窗	110	continuous	
	A-BMPL	建筑-梁檩	Beams and purlins 梁、角梁、枋、檩、垫板	yellow	continuous	
	A-BOAD	建筑-板类	Boards 板类杂项，包括山花板（含歇山附件）、博风板、楼板、滴珠板等	254	continuous	
	A-COLS	建筑-柱类	Columns 柱、瓜柱、驼墩、角背、叉手等	green	continuous	

续表

	代号	中文名	含义解释	颜色	线型	备注
实体层	A-COLS-PLIN	建筑-柱础	Plinths 柱础	White	continuous	
	A-DOUG	建筑-斗栱	Dougong 斗栱	Cyan	continuous	
	A-HRAL	建筑-栏杆	Handrail 栏杆、栏板	60	continuous	
	A-PODM	建筑-台基	Podiums 台基、散水、台阶等	9	continuous	
	A-QUET	建筑-雀替	Queti 雀替、楣子等各类花饰	101	continuous	
	A-RFTR	建筑-椽望	Rafters 椽、望板、连檐、瓦口	Magenta	continuous	
	A-ROOF	建筑-屋面	Roof 屋面	131	continuous	
	A-ROOF-RIDG	建筑-屋面-屋脊	Ridge 屋脊	141	continuous	
	A-ROOF-WSHO	建筑-屋面-吻兽	Wenshou 吻兽	151	continuous	
	A-STRS	建筑-楼梯	Stairs 楼梯	green	continuous	
	A-FLOR-PATT	建筑-铺地	Paving, tile patterns 铺地	9	continuous	主要为室外铺装
	A-ELEV-FNSH	建筑-立面-装饰	Finishes, woodwork, trim 装饰等	8	continuous	
	I-COLS	室内-柱子	Columns 柱子	green	continuous	
	I-GLAZ	室内-玻璃	Glazing 玻璃	110	continuous	
	I-FLOR-STRS	室内-楼面-踏步	Stair treads, esca-lators ladders 踏步、自动扶梯、梯子	green	continuous	
	I-FLOR-HRAL	室内-护栏	Stair and balcony handrails, guard rails 楼梯、阳台、护栏	60	continuous	
	I-FLOR-PATT	室内-图案	Paving, tile, carpet pattern 铺面、花砖、地毯图案	9	continuous	
	I-CLNG	室内-天花	Ceiling 天花、藻井	110	continuous	
	I-LITE	室内-照明	Light fixtures 照明	yellow	continuous	
	I-FURN	室内-家具	Furniture 家具	44	continuous	
	PLNT	植物	Plants 植物	green	continuous	
修饰层	A-OTLN	建筑-轮廓	Building outlines 建筑外轮廓线	50	continuous	
	A-OTLN-SECT	建筑-轮廓-剖段	Section outlines 剖段线	40	continuous	
辅助层	A-AUXL	建筑-辅线	Auxiliary lines 辅助线	8	continuous	
	A-AXIS	建筑-轴线	Axis 定位轴线	red	continuous	

续表

	代号	中文名	含义解释	颜色	线型	备注
辅助层	A-AXIS-NUMB	建筑-轴号	Axis numbers 轴线编号	7	continuous	
	DIMS	尺寸	Dimensions 尺寸标注	green	continuous	
	FRAM	图框	Caption of drawing 图框及图签	white	continuous	
	NOTE	说明、图例	Note 文字说明，断线、波浪线及其他图例符号说明	white	continuous	

注：所有未注明的填充纹样、图案均统一为 PATT，pattern 填充纹样，涂层颜色为 8，线形为 continuous。

附表二　Auto CAD 常用快捷键表

命令全称	快捷键	命令全称	快捷键
确认或重复上一次命令	空格或回车键	Line 直线	l
Undo 返回上一步	U 或 Ctrl＋Z	Pline 多段线	pl
Pan 平移	P 或鼠标滚轮	Rectang 矩形	rec
Erase 删除	E 或 Delete	Arc 圆弧	a
Copy 复制	co	Circle 圆	c
Mirror 镜像	mi	Spline 样条曲线	spl
Offset 偏移	o	Ellipse 椭圆	el
Array 阵列	ar	Insert 插入块	i
Move 移动	m	Block 创建块	b
Rotate 旋转	ro	Point 点	po
Scale 缩放	sc	Bhatch 图案填充	bh
Stretch 拉伸	s	Mtext 多行文字	t
Trim 剪切	tr	zoom/e 范围缩放	双击鼠标滚轮
Extend 延伸	ex	Zoom 缩放	Z 或上下拨鼠标中键
Chamfer 倒直角	cha	PURGE 清理	pu
Fillet 倒圆角	f	regen 重生成	Re
Explode 分解	x	Options 选项	op

注：上表中所指鼠标为三键鼠标。

附 录　仓 颉 庙 的 测 绘

测绘人：06 级建筑环艺系 1、2 班

测绘时间：2007 年 10 月 8 至 11 月 2 日

仓颉庙位于陕西省渭南市白水县城东北口史官村，传为轩辕黄帝左史官。据说他仰观天象，俯察万物，首创了"鸟迹书"，被人们尊为"文字始祖"——中国文字的创造者。史称其"龙颜四目，生有睿德"，才智卓越，职任史官。据记载：仓颉观鸟造文，形成了中国最原始的象形文字，被尊称为"造字圣人"，后人为其筑陵建庙(附图 1)。

仓颉庙总平面为长方形，呈中轴对称，围墙内南

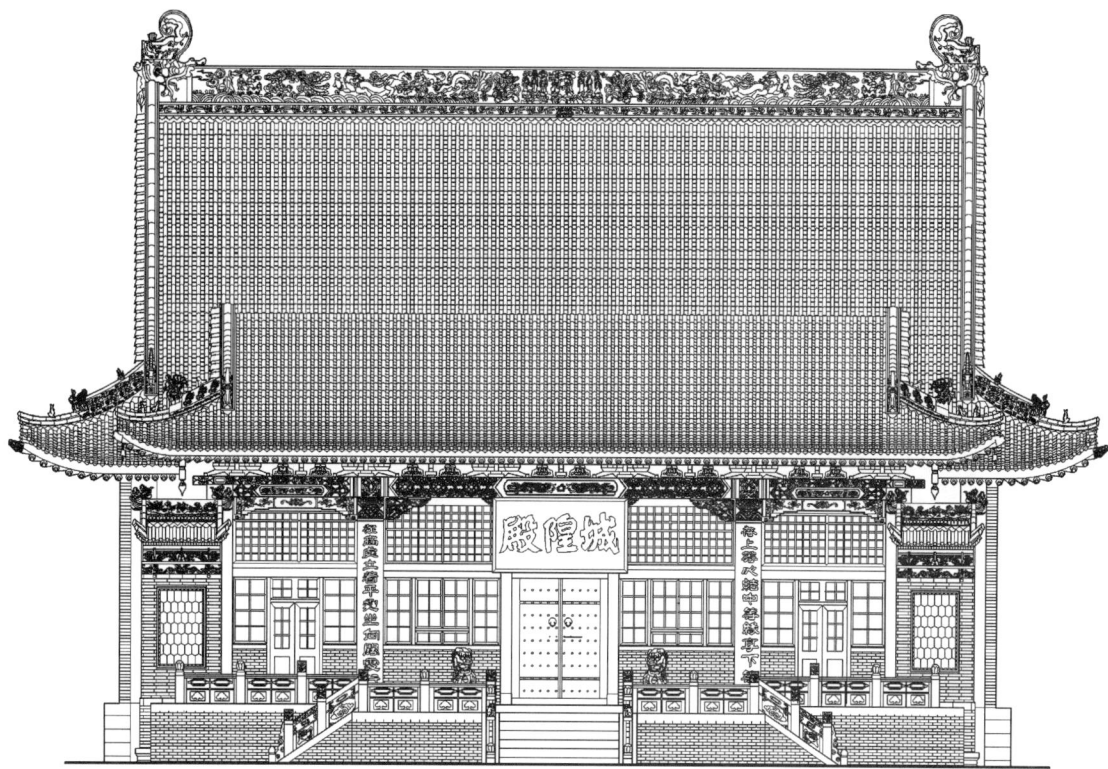

● 附图 1　大殿正立面图

北长 140 余 m，东西宽约 48m，北较南略宽之。占地约 10 余亩，北屏黄龙山，南临洛河，庙里苍苍古柏周围肥田沃野相映衬，甚为壮观。庙内主体建筑沿中轴线由南至北依次为照壁、山门、东西戏楼、前殿、报厅、中殿、寝殿、陵墓。

照壁

庙前影壁墙始见于明正德七年即公元 1562 年，影壁墙上有吉祥砖雕及独角兽一只，寓意明辨善恶。墙体下方开有小洞为后世村民为接仓颉风水而开，

正对山门三门中的神门(附图 2、附图 3)。

山门

山门位于两戏楼之间，原建筑始建于明永乐三年，为一层单体山门，开有鬼、神、人三门，鬼门并不打开，神门只有尊贵之人到来及喜庆之日放开，平日入寺之人皆走人门，三门朝向正北，与山门平面成斜度，山门二层建筑为近年所建，其形制为明清风格(附图 4)。

东西戏楼(附图 5～附图 19)

±0.000

±0.000

−0.420

−0.980

影壁墙北立面　0 0.5 1 1.5 2m

影壁墙西立面

影壁墙顶视

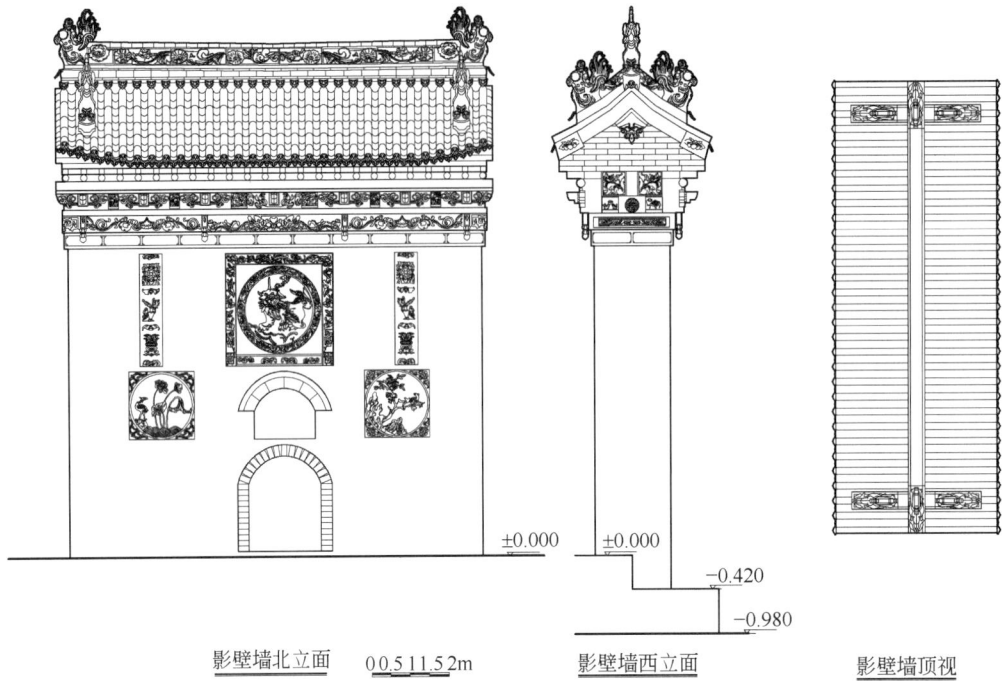

● 附图 2　影壁墙图

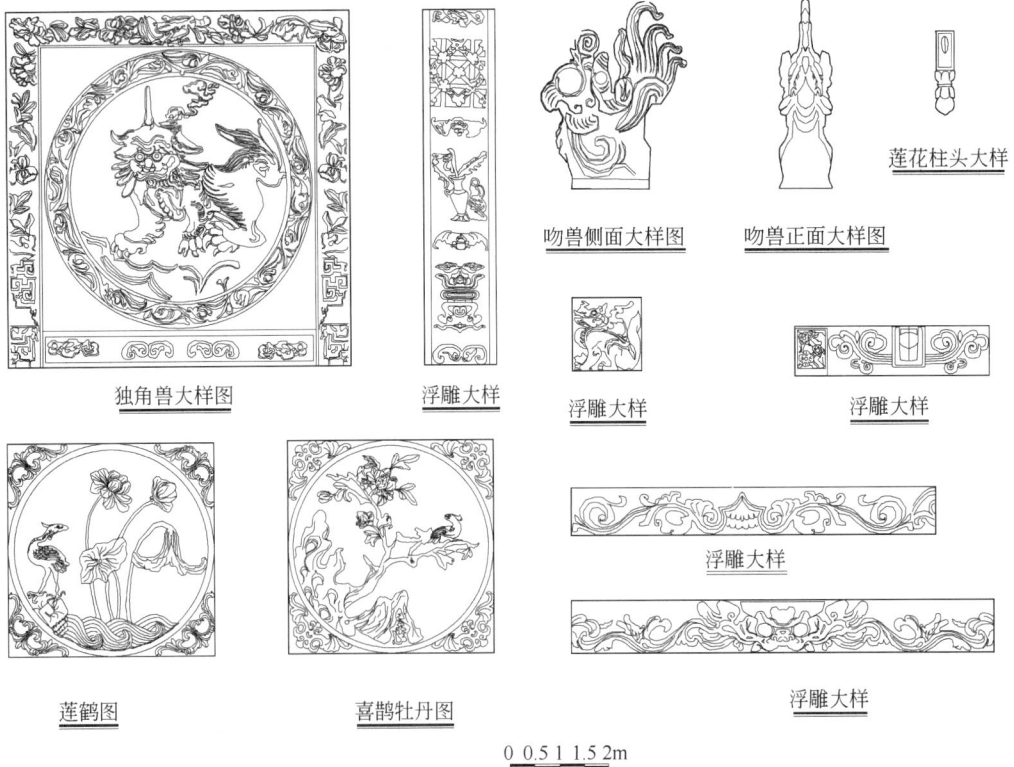

莲花柱头大样

吻兽侧面大样图

吻兽正面大样图

独角兽大样图

浮雕大样

浮雕大样

浮雕大样

莲鹤图

喜鹊牡丹图

浮雕大样

浮雕大样

0 0.5 1 1.5 2m

● 附图 3　影壁墙雕刻大样图

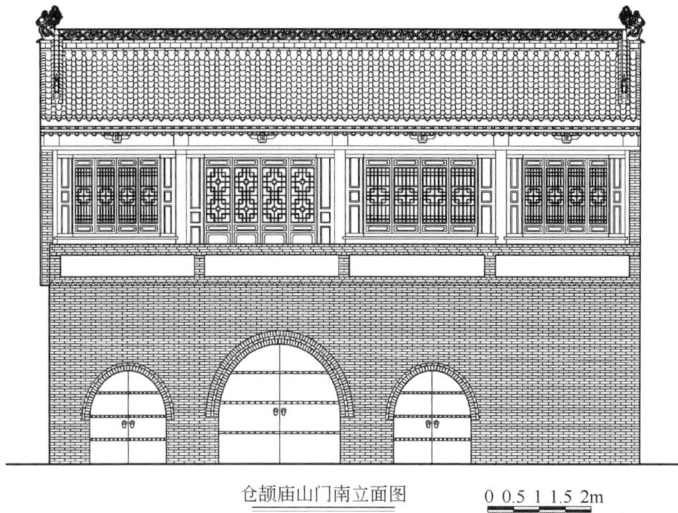

仓颉庙山门南立面图　　0 0.5 1 1.5 2m

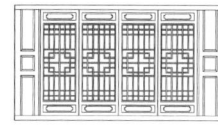

窗花大样1

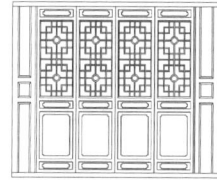

门扇大样

窗花大样2　0 0.5 1 1.5 2m

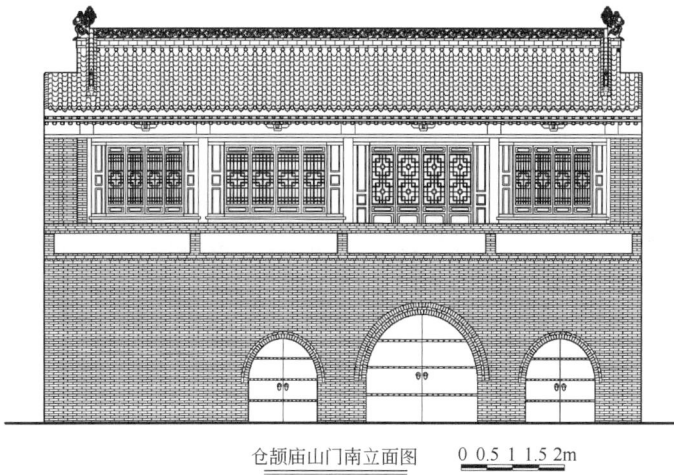

仓颉庙山门南立面图　　0 0.5 1 1.5 2m

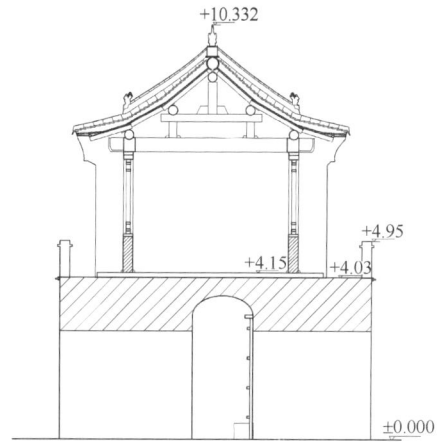

仓颉庙山门纵剖面图　0 0.5 1 1.5 2m

● 附图4　山门

● 附图5　东戏楼

● 附图6　戏楼山墙

戏楼墙　　　　　　　　　戏楼

● 附图 7

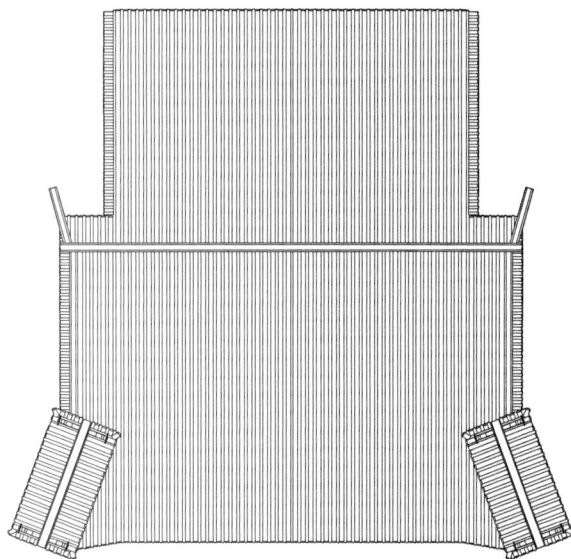

● 附图 8　西戏台鸟瞰图

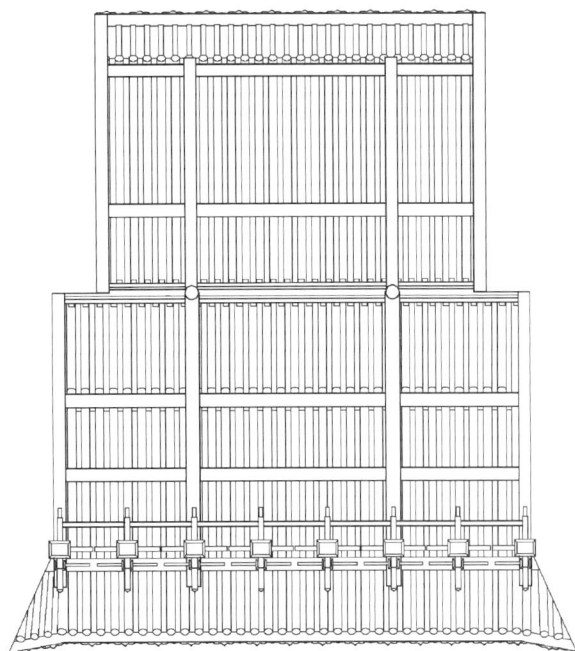

● 附图 9　梁架仰视图

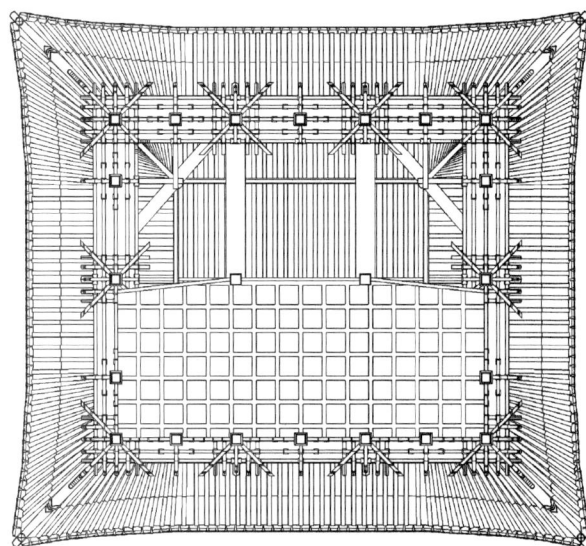

● 附图 10　戏楼梁架仰视图

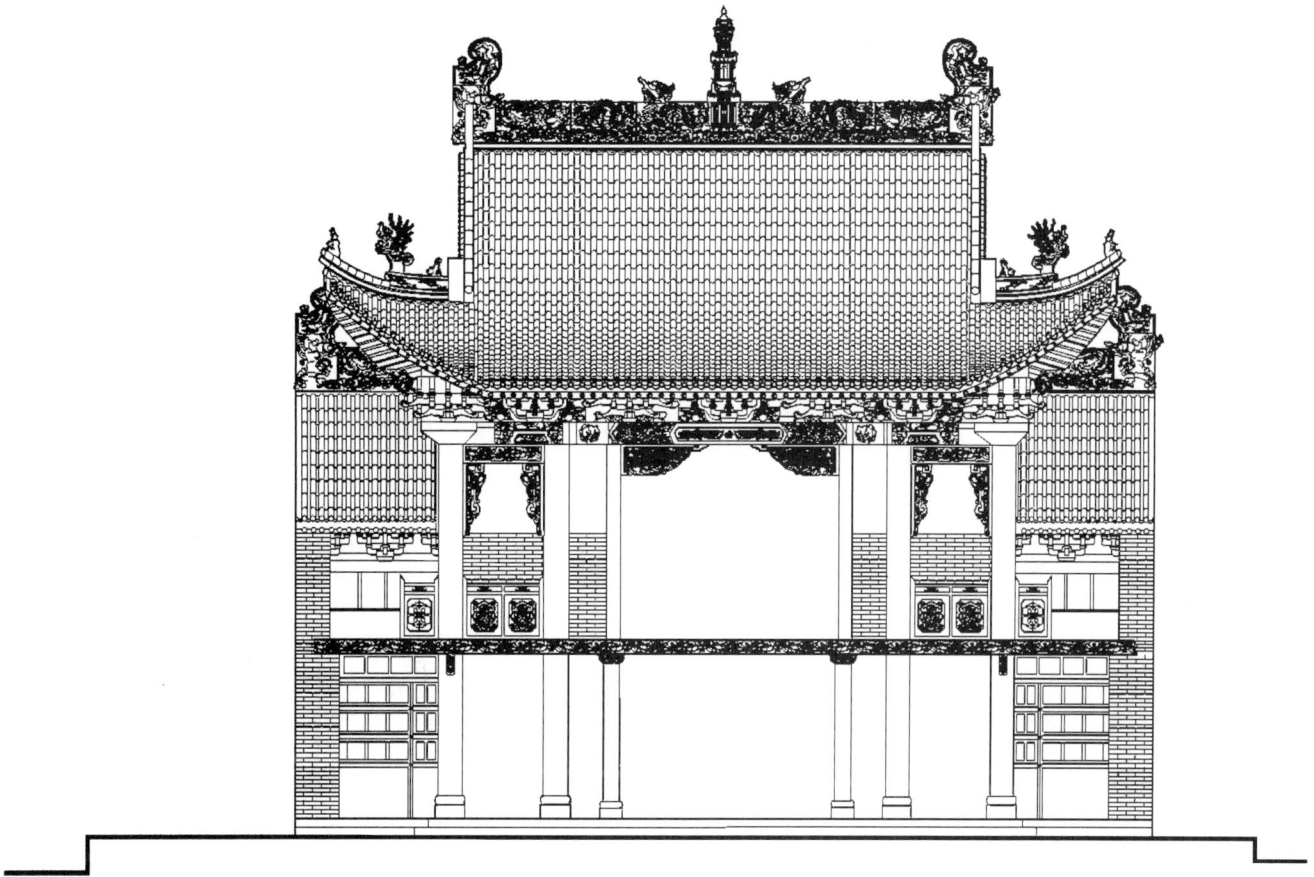

● 附图 11　戏楼正立面

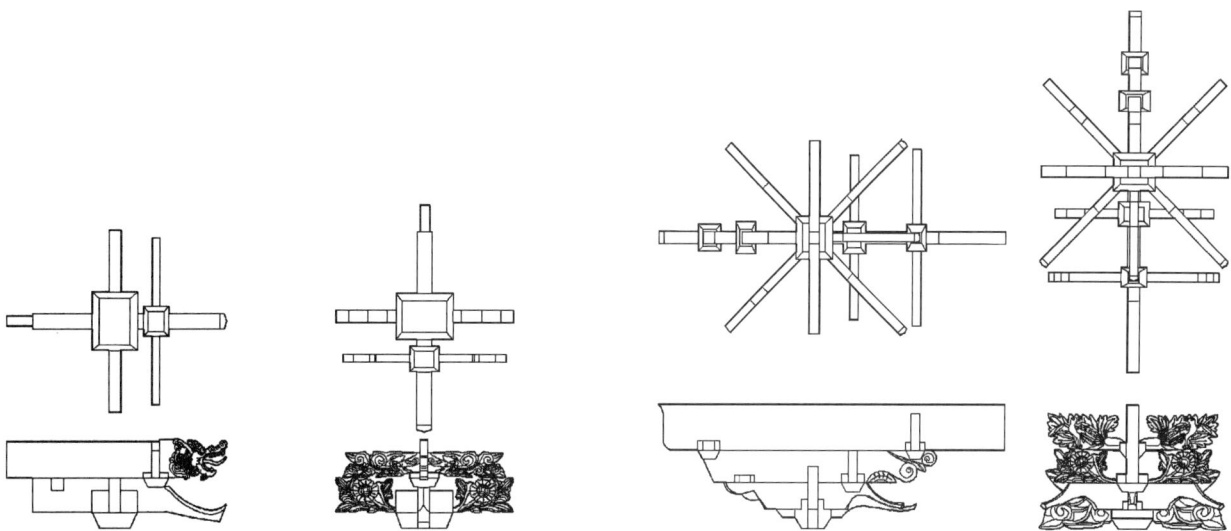

● 附图 12　斗栱大样图

● 附图 13 戏楼檐口局部

● 附图 14 戏楼斗栱

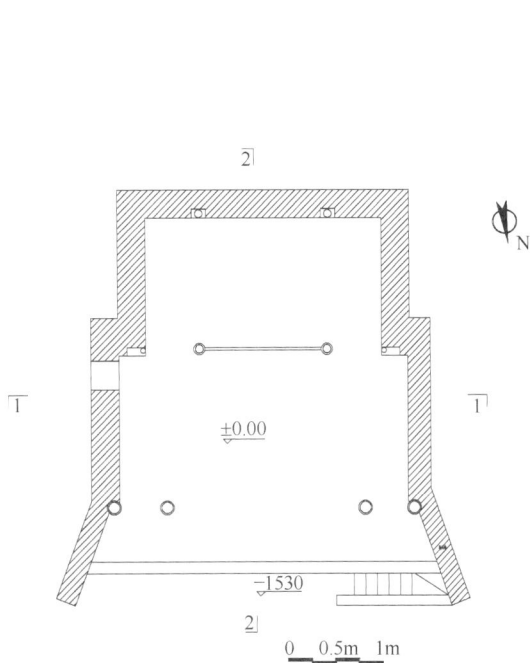

● 附图 15 东戏台底层总平面图

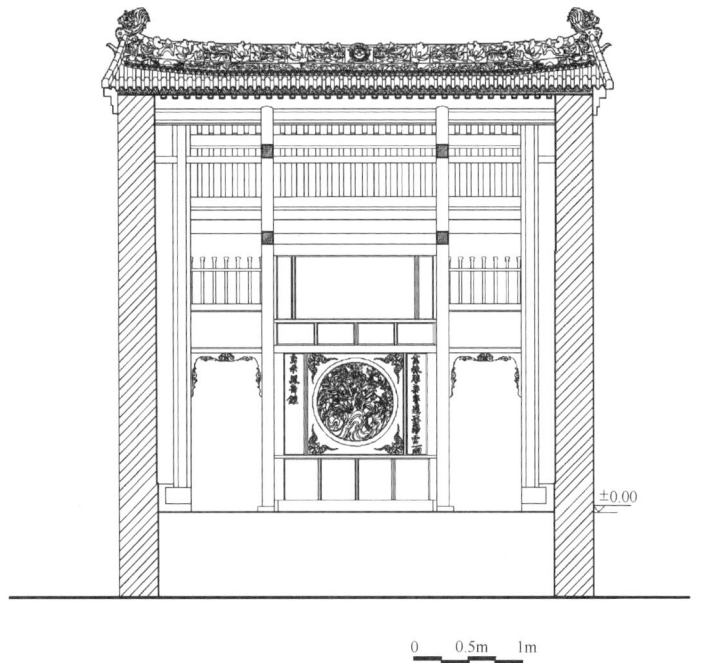

● 附图 16 东戏台横剖图

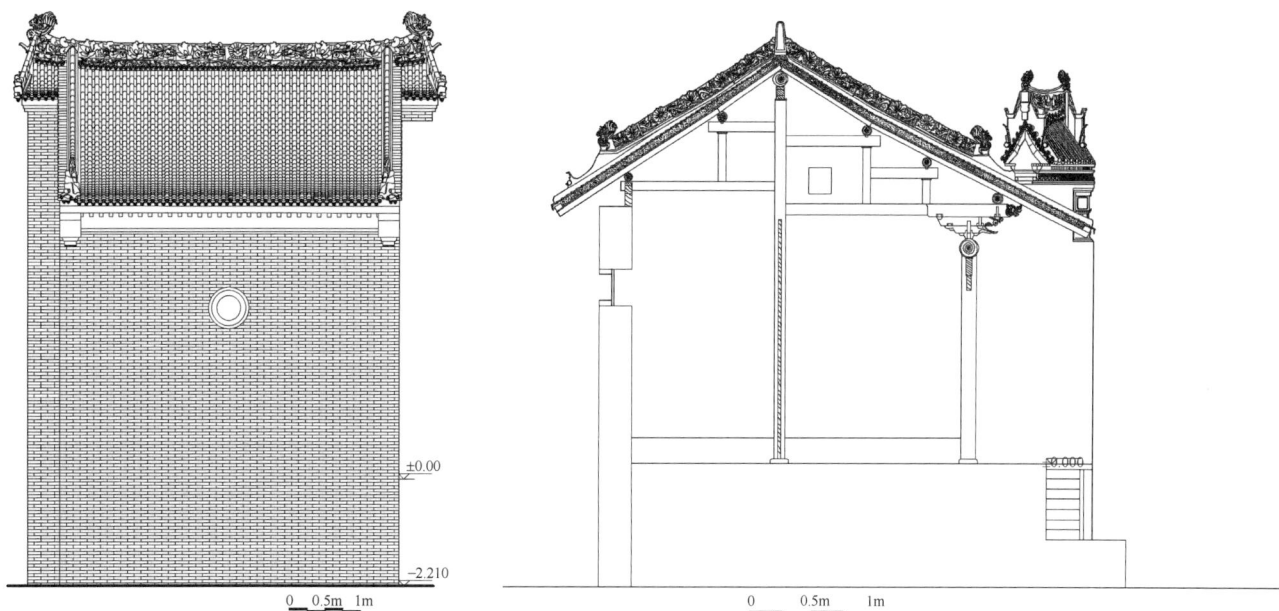

● 附图 17 东戏台后视立面图　　　　● 附图 18 东戏台纵剖图

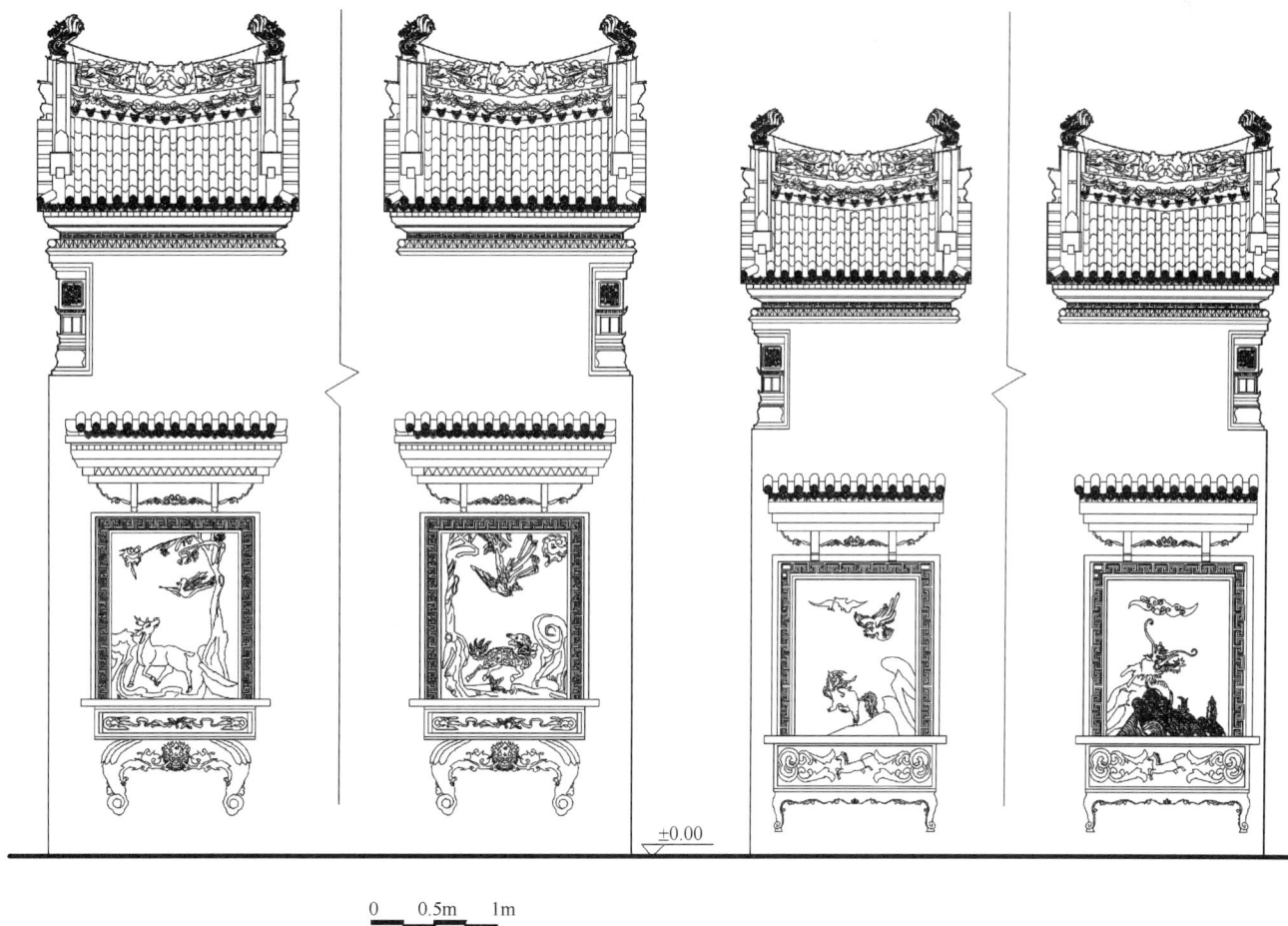

● 附图 19 影壁大样图

　　戏楼位于山门的东西两侧，并排而列，这种形式为我们常说的"唱对台戏"所建的戏台。在过去

每到庙会或节日，两个戏台会一齐进行表演，人们聚集在山门与前殿之间的空场，看哪边表演得精彩

91

就涌到哪个戏台前观观看。经过测量分析并发现，两座戏楼虽乍看结构相仿，但许多细部有区别，两座戏台大小不同，东边戏台稍大，而且做工更精细，戏台平面结构为一个矩形套一梯形组成，戏台口为"八"字朝外敞开着，有利于戏台的展示表演更加充分，观者的视野更加开阔。

戏楼斗栱共八个，两个柱头铺作，四个补间铺作，旁边两个靠墙的斗栱只有一半，结构相对简易，单层昂，东戏台每个斗栱三支昂，西戏台只有中间一支单昂。虽然斗栱结构不复杂，但插栱木雕文饰十分精美，而且图案也是各不相同，每个斗栱上的兽头也不相同，左右成对，共四对。戏楼建筑做工十分精细，戏台内平面呈方形，中间有屏风，屏风上有精美木雕及生动的彩绘图案。戏台檐坊上为生

动的龙形木构建，其形态为四条龙分别抓着蟾蜍、蝎子、蛇和蜈蚣四种动物，有龙除四害的寓意。多处彩绘壁画，虽经岁月侵蚀但风貌犹存。

前殿（附图20～附图33）

前殿是仓颉庙中轴线上进山门后的第一座殿，殿的山墙两边各有一间耳房。前殿的屋架结构属于抬梁式，梁、檩、枋等构架结构严谨，部件完整，屋顶为硬山顶。不算耳房，面阔为三间，由裸露的柱子分割。殿内有许多碑石，最著名的就是"仓圣鸟迹书碑"，据说碑文上的二十八个字是仓颉根据自然界事物形态依类象形而创造的文字。两边的石碑大都为清代君王所立，为表崇敬之意，称颂仓颉的伟大创举。

钟鼓楼（附图34～附图40）

● 附图20　前殿

● 附图21　前殿东山墙

● 附图22　前殿马头墙

● 附图23　前殿马头墙局部2

● 附图 24　前殿马头墙局部

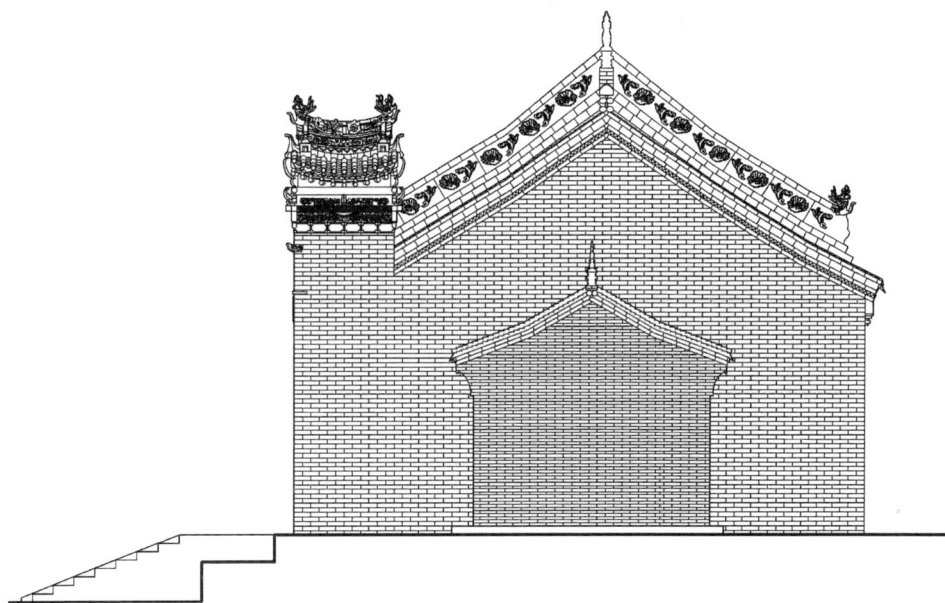

● 附图 25　仓颉庙前殿侧立面

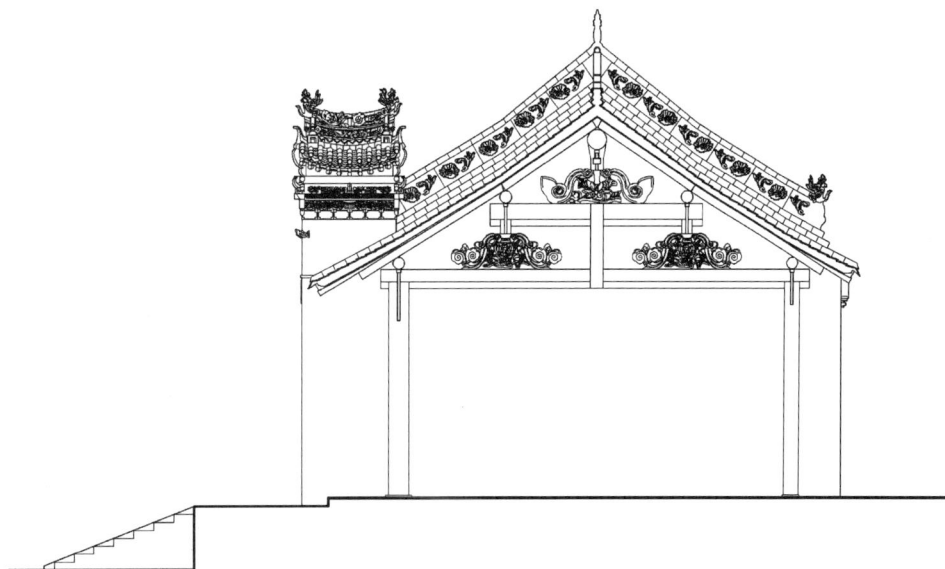

● 附图 26　仓颉庙前殿侧剖图

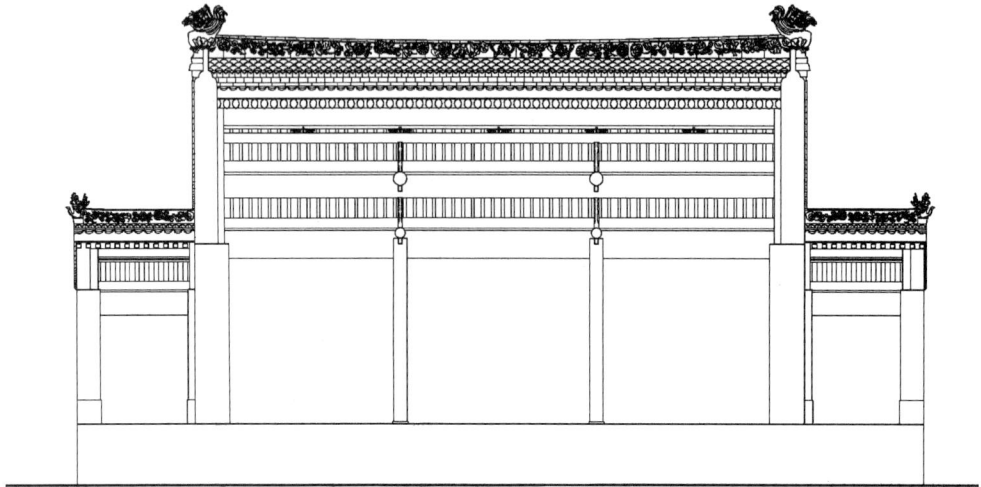

● 附图 27 仓颉庙前殿横剖面

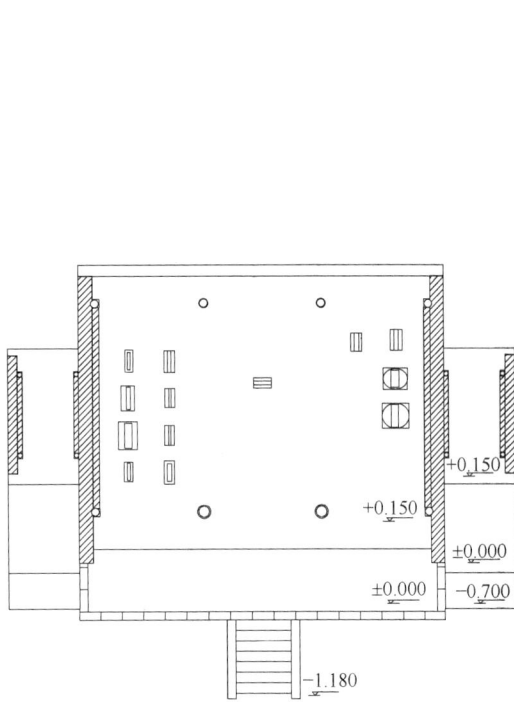

● 附图 28 仓颉庙前殿平面

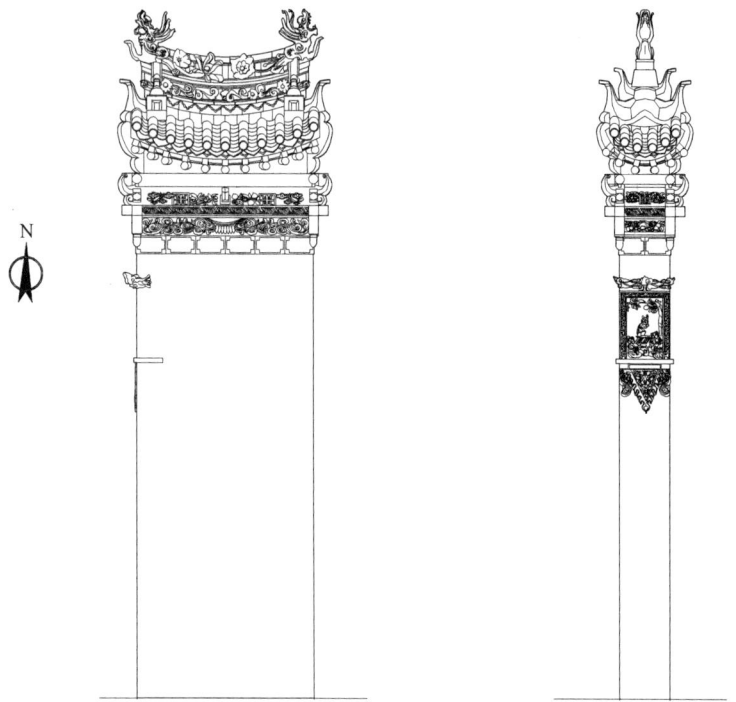

● 附图 29 仓颉庙前殿马头墙-新

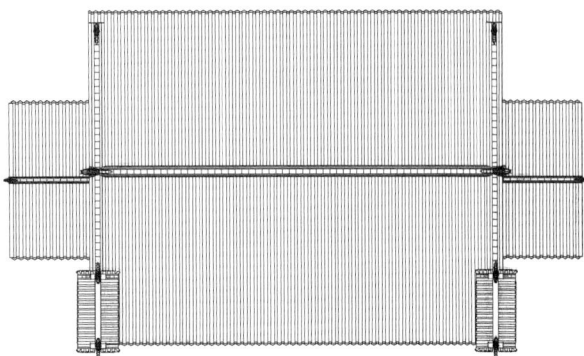

● 附图 30 仓颉庙前殿顶视图

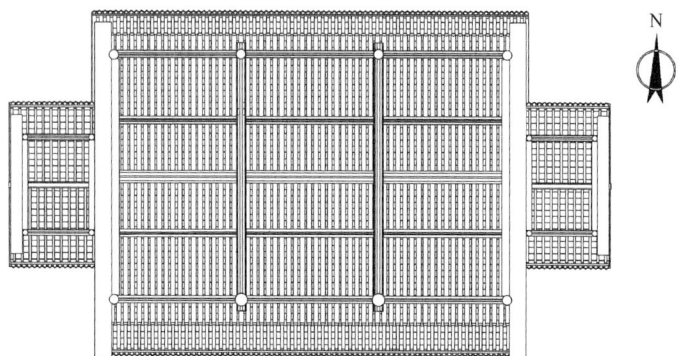

● 附图 31 仓颉庙前殿梁架仰视图

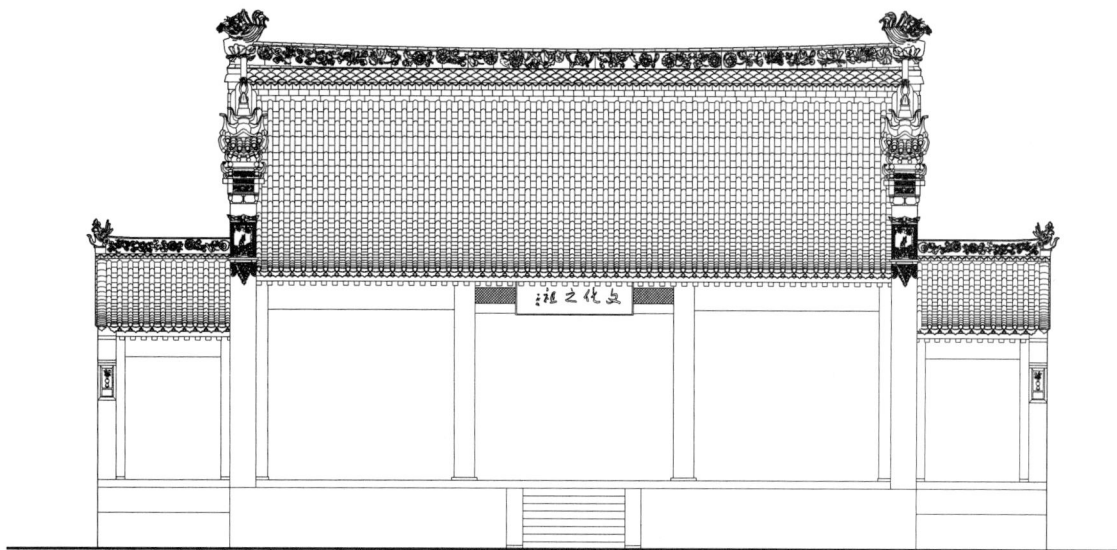

● 附图 32　仓颉庙前殿正立面

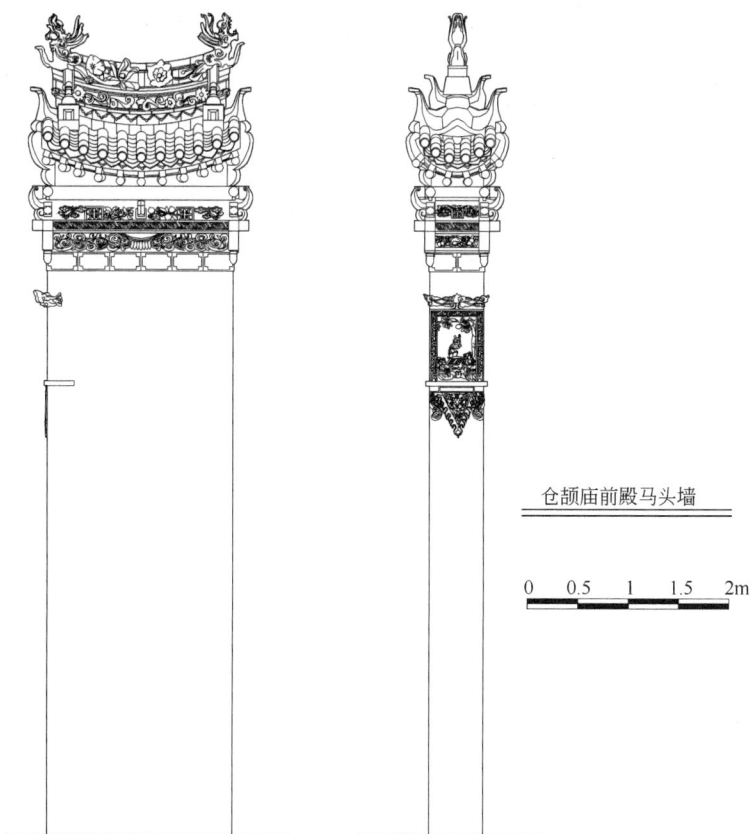

仓颉庙前殿马头墙

0　0.5　1　1.5　2m

● 附图 33　马头墙大样——旧

● 附图 34　鼓楼

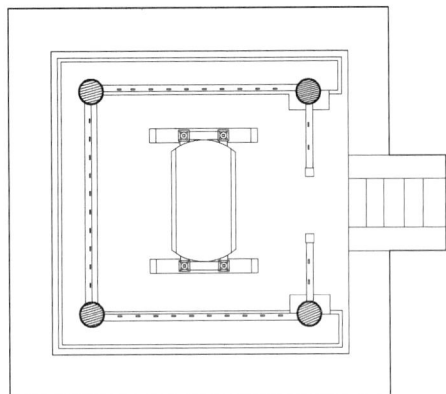

● 附图 35 钟楼梁平面图

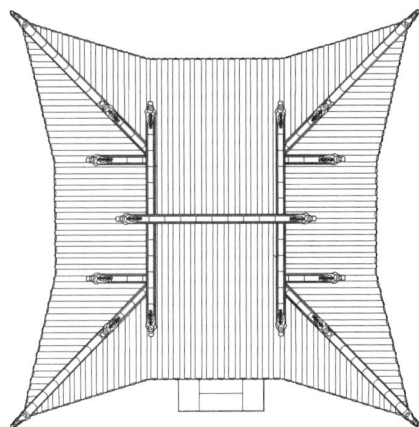

● 附图 36 钟楼顶视图

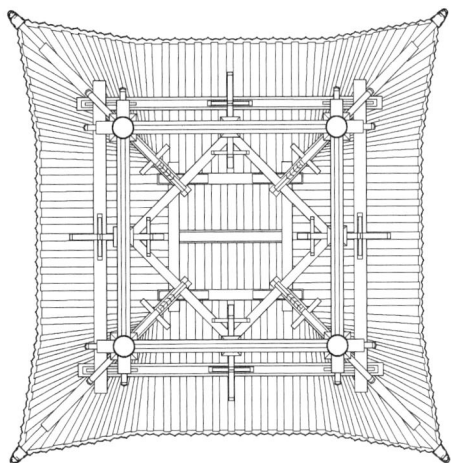

● 附图 37 钟楼梁架仰视图

● 附图 38 钟楼

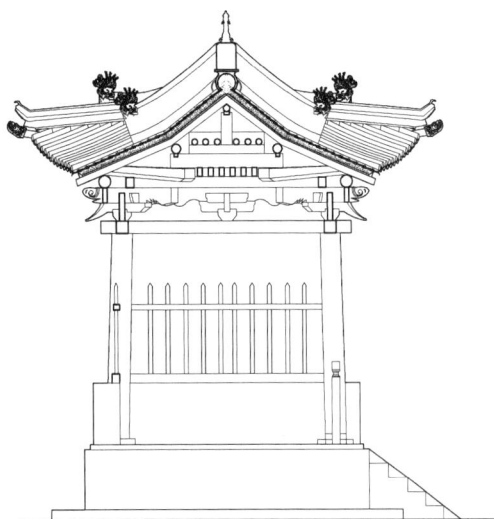

仓颉庙钟楼纵剖图

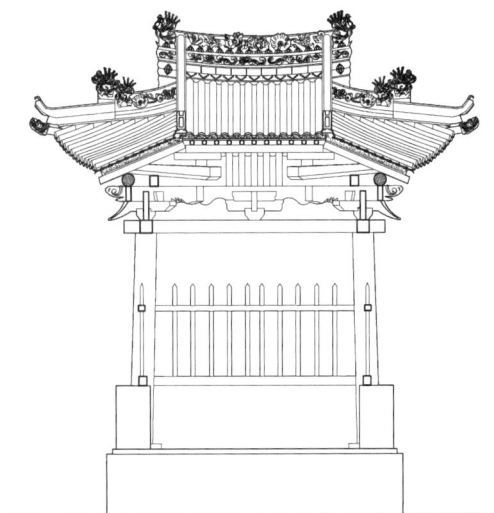

仓颉庙钟楼横剖图

● 附图 39 钟楼梁剖面图

附图40 马头墙

钟鼓楼位于前殿后东西两侧,其结构相仿,做工精细,屋顶为歇山式,屋顶梁架由四根柱子执掌,底下有台基,四根柱子分别生根于台基的四个角上,内分别置一钟和一鼓,结构相对简单,形体比例很得体。

报厅(附图41~附图61)

报厅的功能用途原为文武百官朝圣后休息的地方,仓颉庙里能有这样的建筑,可见其建筑布局并非其他一般的建筑。屋顶别出心裁,为卷棚顶,使得整个建筑精巧别致,比例轮廓独具风格。除了山墙外,建筑的南北两面没有隔墙门窗,屋架结构支撑依靠前后的六根柱子和左右两侧的山墙支撑屋顶,两侧墙头上有高大并且雕砌精美的墀头砖雕,精美的砖雕图案栩栩如生,这是仓颉庙所有建筑的一大特色。檐部下斗栱制作很完整,檐枋下面有六组精雕细琢但内容各不相同的雀替饰板,南面的主题为琴棋书画,北面内容为五福临门。

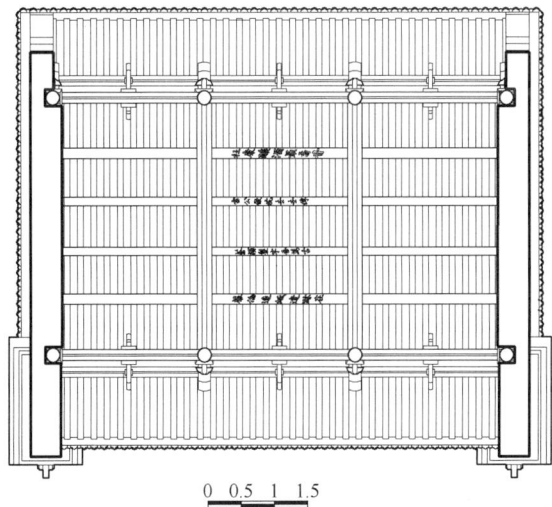

0 0.5 1 1.5

附图41 仓颉庙报梁架仰视图

0 0.5 1m

附图42 仓颉庙报厅墀头侧立面大样图

0 0.5 1m

附图 44 仓颉庙报厅侧立面图

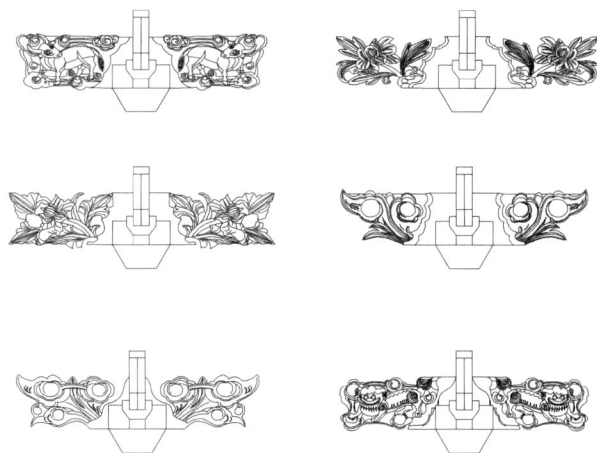

附图 45 仓颉庙报厅斗栱正视大样图

0 0.5 1m

附图 43 仓颉庙报厅墀头正立面图

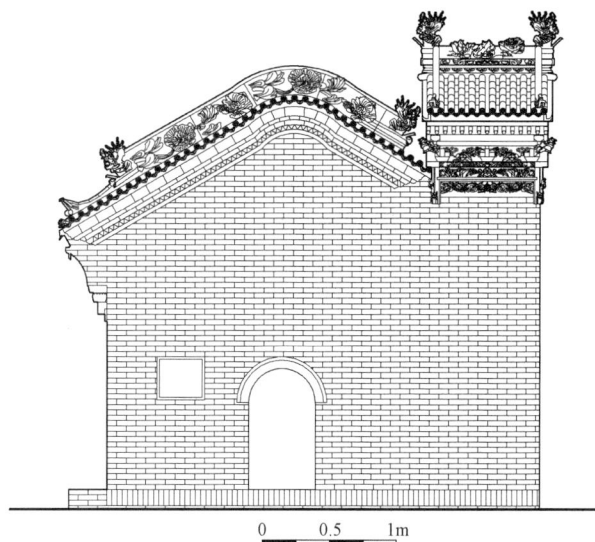

附图 46 仓颉庙报厅斗栱正视大样图

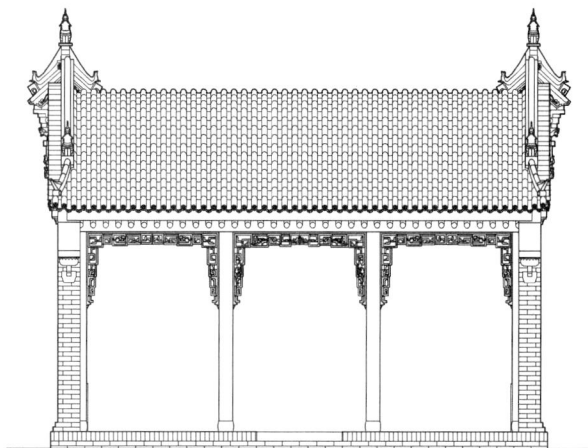

附图 47 仓颉庙报厅后立面图

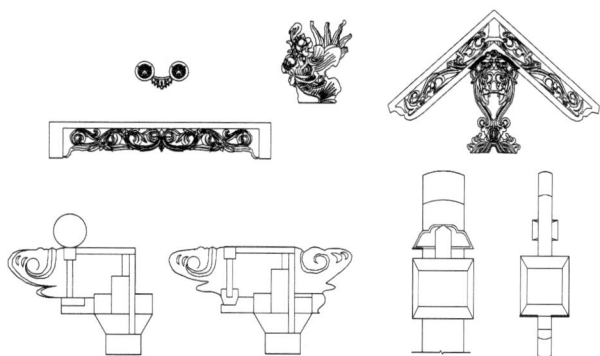

● 附图48 仓颉庙报厅蚂蚱头斗栱侧视仰视图

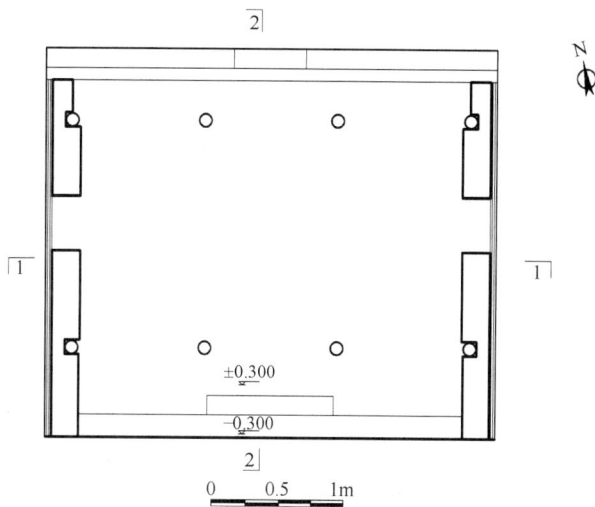

● 附图49 仓颉庙报厅平面图

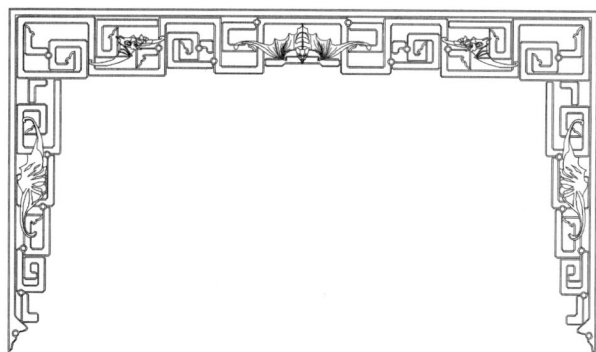

● 附图50 仓颉庙报厅雀替大样图1

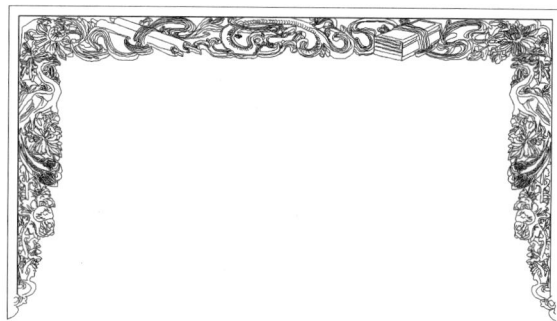

● 附图51 仓颉庙报厅雀替大样图2

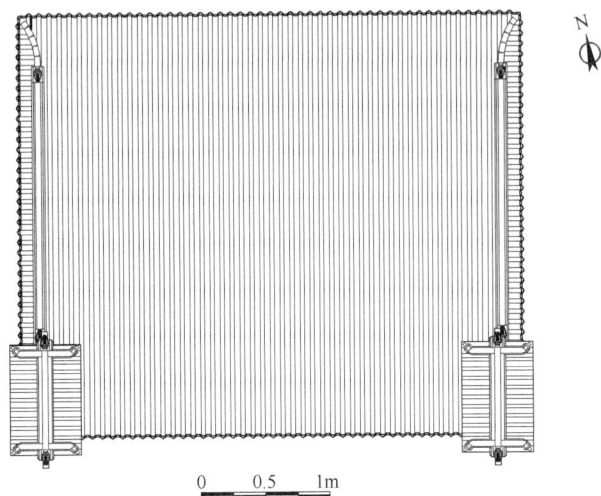

● 附图 52　仓颉庙报厅鸟瞰图

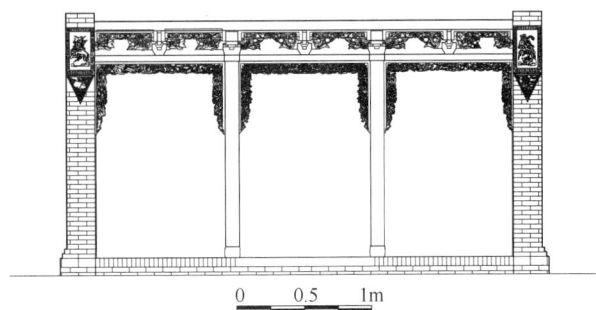

● 附图 53　仓颉庙报厅正立面檐部以下立面图

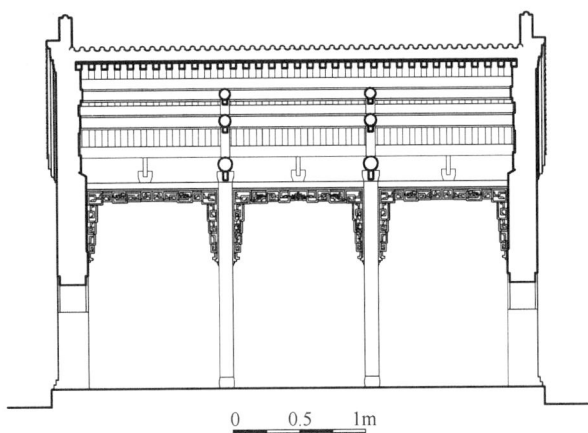

● 附图 54　仓颉庙报厅纵剖面图

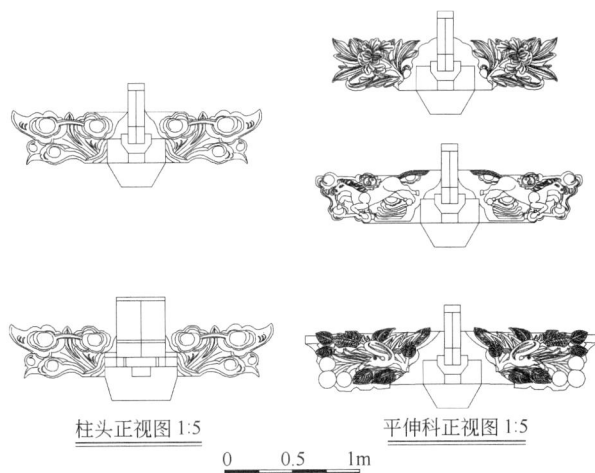

柱头正视图 1:5　　　平伸科正视图 1:5

● 附图 55

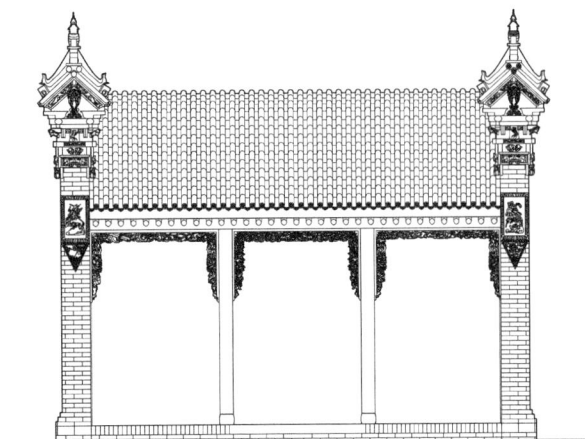

● 附图 56　仓颉庙报厅正立面图

● 附图 57　报厅后檐口

附图 58 报厅梁架

附图 59 报厅马头墙

附图 60 报厅檐口

附图 61 报厅正立面局部

中殿(附图62~附图73)

中殿,又名正殿,清代、民国均有翻修,此殿面阔五间,建筑立面高大宏伟、庄严肃穆。殿内原存于右任先生所提"文化之祖"的大匾及壁画,"文革"中被毁。殿内有仓颉画像,据《白水县志》载:仓颉龙颜四目灵光,上天作令为百王冠,实有睿德,生而能书及长登阳虚之山。

寝殿(附图74~附图80)

寝殿(又称后殿)原供一仓颉座像,据说,此殿原有仓颉塑像,泥胎粉身,丰满健美、四目灵光、神采飘逸,具有唐代风韵。殿外有杜康、雷祥、蔡伦泥胎塑像各一尊,姿态各异、栩栩如生,可惜于"文革"中被毁。此殿为双墙,一土一砖,土内砖外,尤是奇特。殿身平面不是常见的方正之形,而是不规则之梯形,房正门偏,坐北向南,后枕卧龙山,前面是洛河水,为最理想选址。

仓颉陵墓

仓颉陵墓的总体形状呈八卦形态,外围墙分别布于八个方位,外围墙贯穿着春、夏、秋、冬的五行方位布局。陵墓围墙的大门上石刻对联为"结绳新创鸟虫书,画卦再开文字祖"。左右的门联上各有一个雕刻的牡丹花和菊花,象征着富贵和荣华,在上面雕刻的是八盘供果,分别是葡萄、西瓜、无花果、佛手、石榴、桃子、火龙果和桂圆。

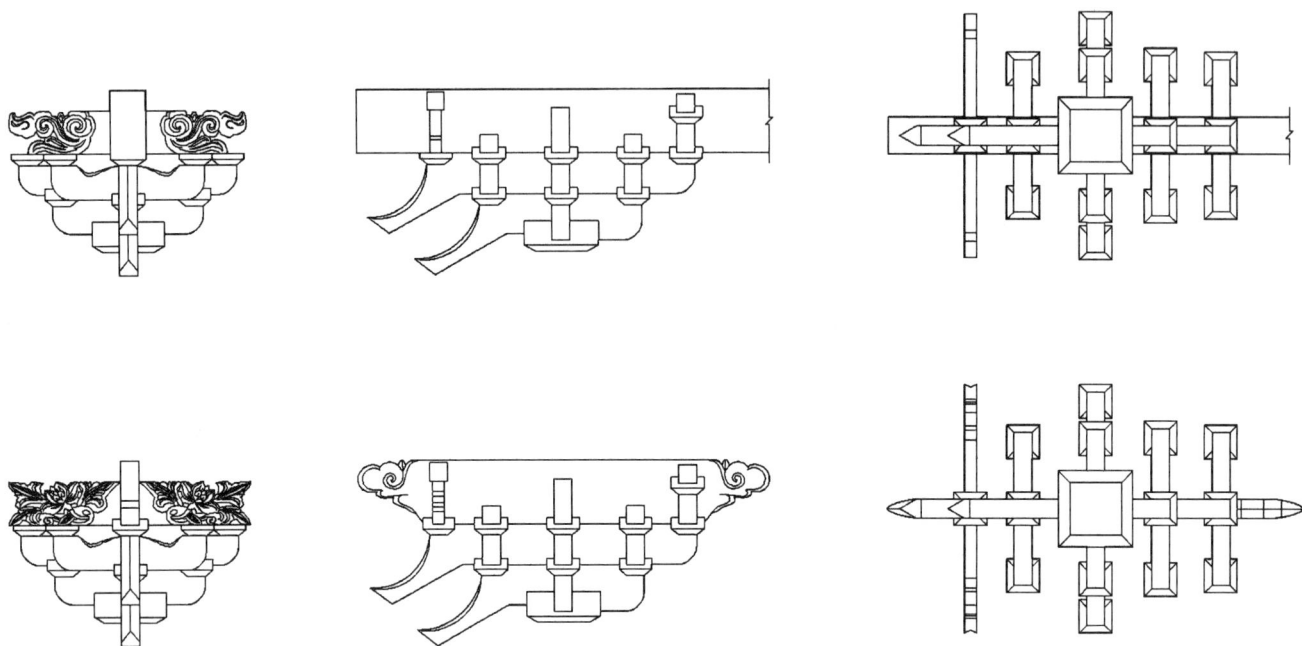

● 附图62　斗栱大样图

● 附图63　马头墙大样图

● 附图 64　门窗大样图

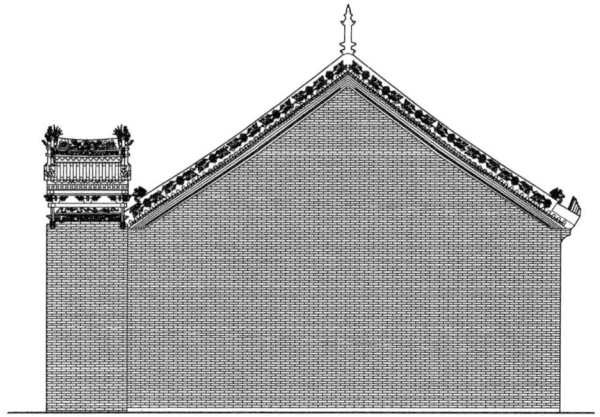

● 附图 65　中殿侧立面

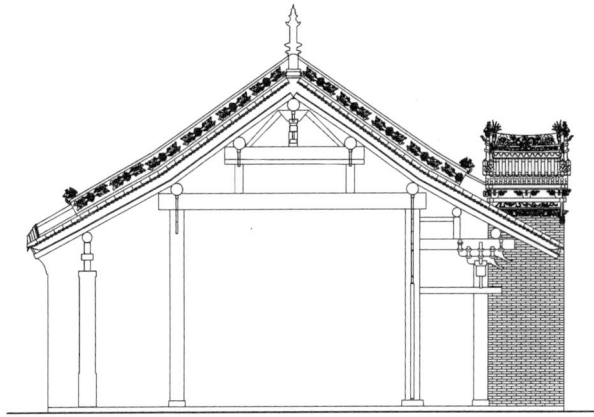

● 附图 66　中殿侧剖立面

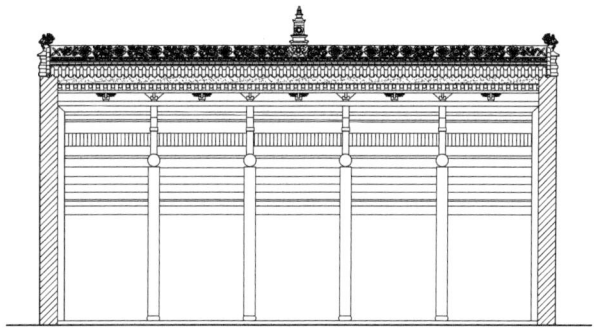

● 附图 67　中殿横剖立面图

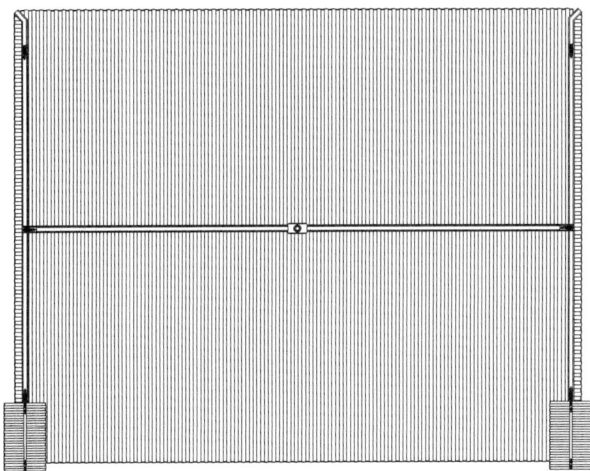

● 附图 68　中殿俯视图

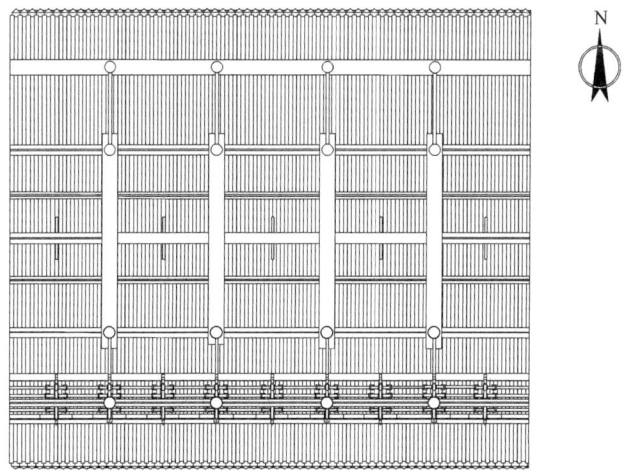

● 附图 69　中殿梁架仰视图

−0.145

N

±0.000

−0.145

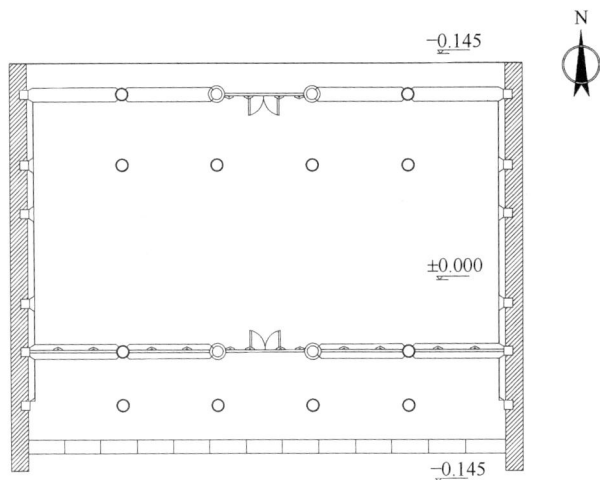

● 附图70　中殿平面图

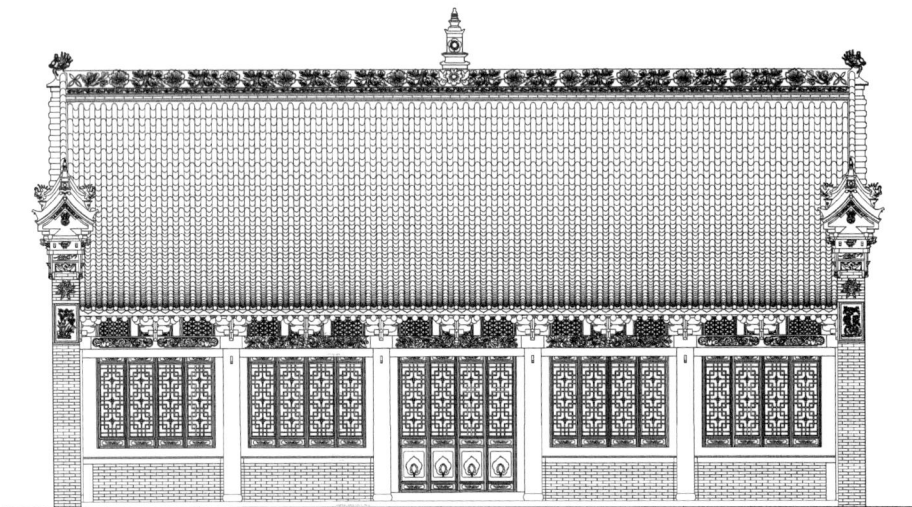

● 附图71　中殿正立面图

● 附图72　砖雕大样图

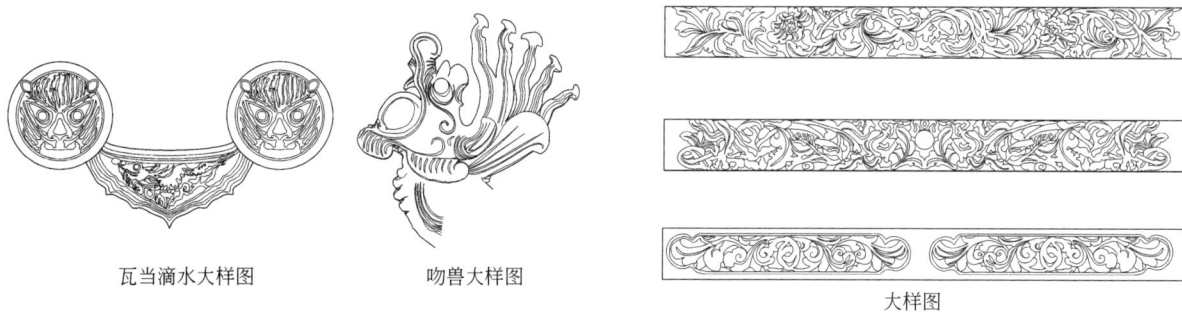

瓦当滴水大样图　　　　　吻兽大样图　　　　　　　　大样图

● 附图73　大样图

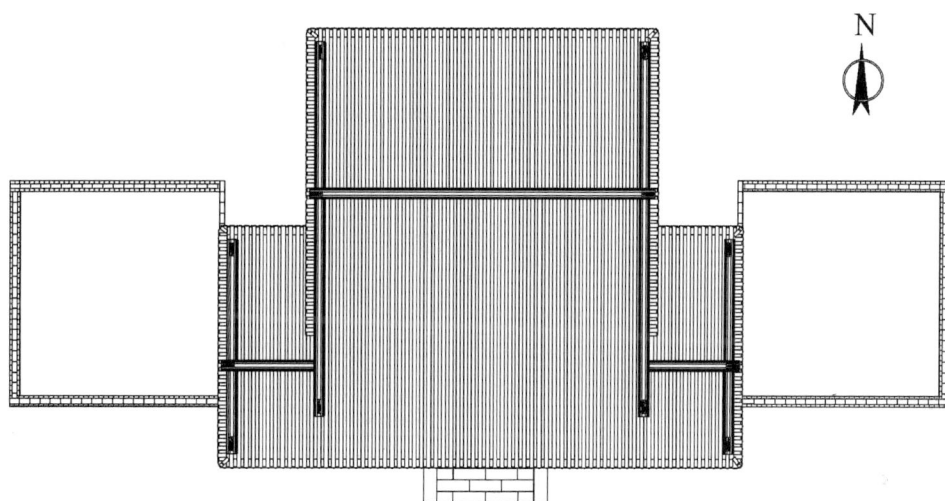

● 附图74　仓颉庙后殿屋顶平面图

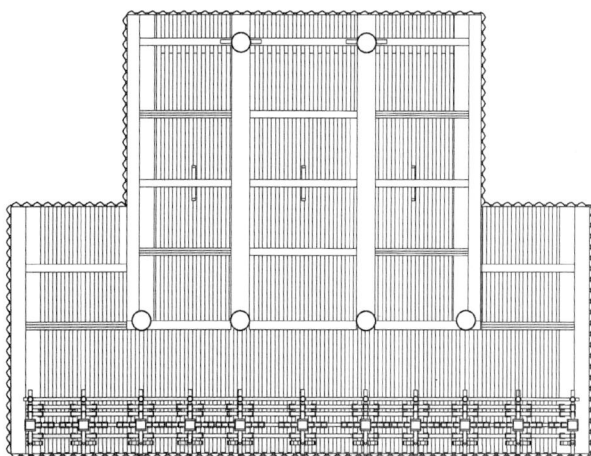

● 附图75　仓颉庙后殿梁架仰视图

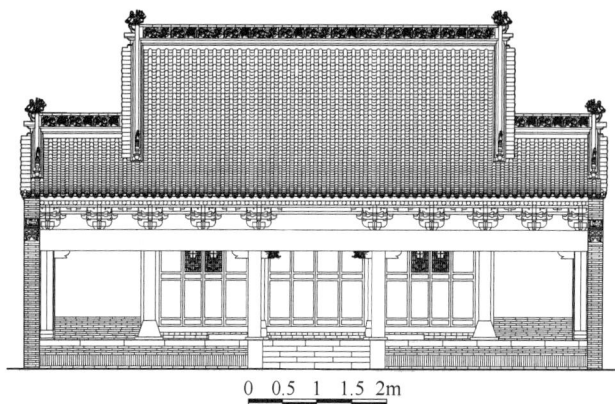

0 0.5 1 1.5 2m

● 附图76　仓颉庙后殿正立面图

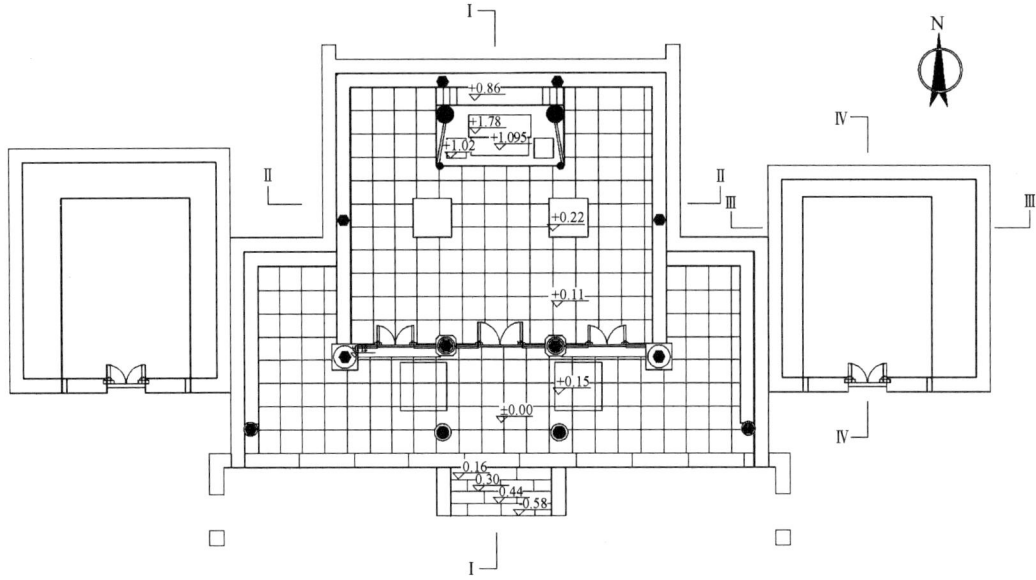

● 附图77　仓颉庙后殿平面图

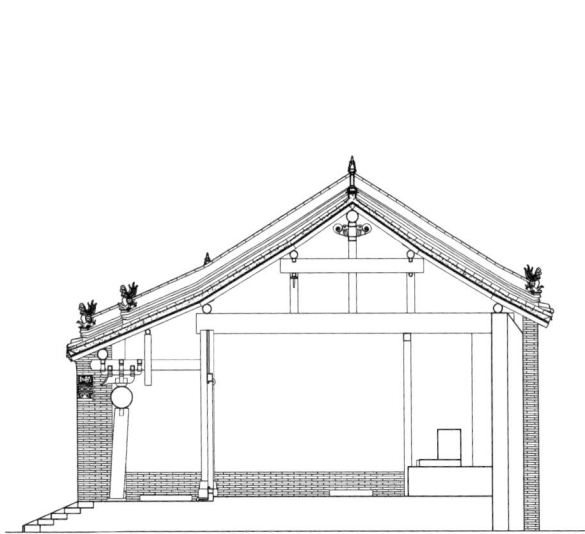

● 附图78　仓颉庙后殿横剖面图

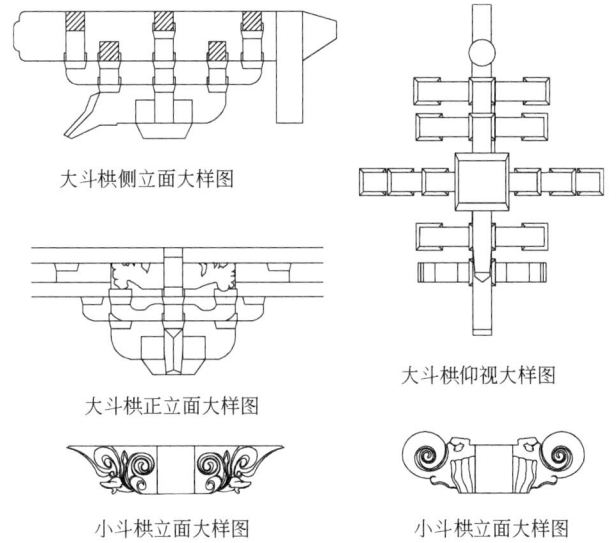

大斗栱侧立面大样图

大斗栱正立面大样图

小斗栱立面大样图

大斗栱仰视大样图

小斗栱立面大样图

● 附图79　仓颉庙后殿大样图

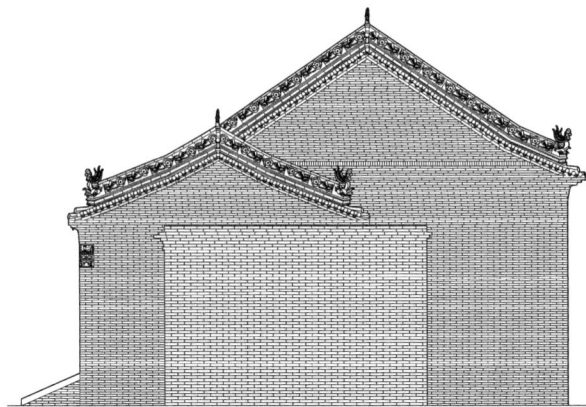

● 附图80　仓颉庙后殿侧立面图

仓颉庙在"文革"中自难逃厄运，所幸地处偏远，损失不算太大。加上当地人们尽心尽力的保护，整个庙被维护的很好，这些建筑和庙内的古柏大都至今无恙。一些建筑墙壁和木料虽有变形，但大多木雕砖雕保存完好，仍能看出当时匠人们的精湛技艺。相对来看，壁画破坏较严重，一方面是年代久远，风蚀氧化严重；另一方面是人为破坏。

以下为历代历次的增修、或改建或重建情况：

一、庙：始修年月不详，据《仓颉庙碑》可知，东汉延熹五年（公元162年）已初具规模。

二、墓围砖墙：1939年，国民党军将领朱庆澜参观仓颉庙，顿生崇仰之情，遂出钱请人代为建修了一圈流棱砖砌花墙。

三、后殿：始修年月不详。宋嘉祐年间、明正统年间和正德年间及万历二十四年（1697年）、1918年也曾进行过翻修，中华人民共和国成立后，曾于1982年翻修。

四、报厅：始建年月待考，清乾隆七年（1743年）翻修；1919年做过翻修，新中国成立后，于1985年维修过一次。

五、正殿：始修年月待考，明万历二十四年（1597年）、清康熙二十五年（1687年）、咸丰七年（1858年）、民国八年（1919年），各翻修一次，1982年，做过维修。

六、前殿：始修年月待考，1919年、1982年各翻修一次。

七、钟、鼓楼：明崇祯八年（1686年）创修，清同治二年（1864年）重修鼓楼，同治十二年（1874年）重修钟楼，1982年维修钟鼓楼。

八、戏楼：明正德七年（1512年）始建，东台于民国九年（1920年）重修，西台于清嘉庆年间重修。

九、谴房窑：清咸丰七年（1858年）重修，廊房、照壁、墓后砖窑、厨房等均系1919年修造，此前情况待考。

测绘图纸来源

常家院测绘人员：

郭 强 蒋建军 蔡 搏 冯 敏 董 婷 余 梅 司亚云 宋 阁 李子龙
任 行 赵 巍 高 岩 段宏涛 郭天翔 程睿峰 王 硕 刘 慈 谢晓娜
付丹丹

指导老师：

李建勇 胡月文 屈 伸

杨家沟马氏庄园测绘人员：

冯 丽 黄容容 苗 苗 王叶琨 秦 斌 曾 昆 蓝 连 史建鑫 盛光伟

指导老师：

李建勇 胡月文 屈 伸

等驾坡村地坑式窑洞院落测绘人员：

张晓科 江 益 林 荟 赵 鑫 季永鑫 刘 健 孙峰等

指导老师：

张 豪 李 喆

米脂县安巷则冯家大院：

石耀东 惠 鹏 张敬涛 王 跃 于 丽 刘丽娜 谭 君 孟昭飞

指导老师：

海继平 王文正 陈 乐 张啸风 陈晓育

米脂县东大街三十二号院：

颜文峰 张云龙 邓勇军 曾 祥 王瑞莉 王 敏 宋 雪 燕 彬

米脂县北大街 34 号：

王 璐 赵 彤 王一杏 赵鹏辉 赵林阳 沈 凡 高 雄 何象增 井弘泽

米脂县高家大院：

王 亮 王颖超 王春晓 郑朝晖 周正超 苗永萍 侯文婷 高霖陆 辛 军
郝兴建 曹 文 孙忠瑞 孙艳军

指导老师：

海继平 王 娟 王文正 李相韬

神木县白家大院：

祁 峰 吴 琼 舒文娟 李迎宾 黄艳晴 郭琼莹 陈其爽子 张 丹 董芳婷

指导老师：

刘亚国

永寿县等驾坡村地坑式窑洞：

2002 级环艺专科

指导老师：

李 喆 张 豪

渭南市白水县史安村仓颉庙

06 级建筑环艺系本科 12 班

指导老师：

海继平 屈炳昊 李 莫

参　考　文　献

[1] 梁思成. 清式营造则例. 北京：清华大学出版社，2006.

[2] 中国古建筑史编写组. 中国古建筑史. 北京：中国建筑工业出版社，1986.

[3] 陆元鼎等. 中国民居建筑. 广州：华南理工大学出版社，2003.

[4] 单德启. 从传统民居到地区建筑. 北京：中国建材工业出版社，2004.

[5] 郭冰庐. 窑洞风俗文化. 西安：西安地图出版社，2004.

[6] 林源. 古建筑测绘学. 北京：中国建筑工业出版社，2003.

[7] 王其亨. 古建筑测绘. 北京：中国建筑工业出版社，2006.

后　记

从 2001 年以来，结合建筑测绘教学实践，为挖掘中国传统民居文化精神，深入学习民居建筑的营造结构，我们先后十余次组织千余名学生对陕西关中及陕北民居进行深入细致的考察和测绘，并反复研讨撰写相关专业论文数十篇。中国地域辽阔，各地区的传统民居地域特色显著，传统民居是中国传统建筑中的重要组成部分，对其进行测绘具有一定的专业研究价值。目前，中国民居在相关领域里已经积累了相当多的宝贵研究成果，但我们将在测绘中努力做到更完整、更系统。最初，由吴昊教授发现米脂县聚落并首先提出米脂县的保护与研究，在这期间，曾先后与各专家学者去陕北进行实地踏勘。

2003 年 9 月 16 日，在西安美术学院建筑环境艺术系主任吴昊教授的组织与策划下，博士研究生王晓华陪同中国艺术研究院建筑艺术研究所所长、博士生导师顾森教授对榆林地区的民居进行实地考察和收集资料。

2003 年 10 月 28 日，西安美术学院建筑环境艺术系与中央美术学院博士生导师张绮曼教授和她的几位博士生联合对乾县地坑式窑洞进行实地考察，并进行了学术交流。

2004 年 10 月下旬，吴昊教授携同顾森教授再次深入陕北、深入考察了神木白家大院、沙峁镇，榆林佳县、吴堡、绥德等地区。

2005 年 10 月 1 日，西安美术学院副院长王胜利教授、教务长贺丹教授及吴昊教授陪同中央美术学院教授靳之林先生再度深入陕北延安地区、榆林地区对延川县小程村、碾畔村等进行考察，同时对子长、米脂、横山等地区进行全面的调研，并对教学实践及测绘实验性教学进行较系统的计划。

2006 年 11 月美国建筑大师罗伯特·文丘理陪同夫人来西安美术学院进行学术交流，并参观建筑环境艺术系"陕北黄土窑洞人居环境研究"课题研究成果展，给予很高评价。

我们带着浓厚的兴趣，曾对米脂包括陕北其他地区及关中的传统民居进行了实地测绘与研究，由于此课程是我们教学环节中一个初步尝试，也出于我们对传统民居的热切关注与执著的精神，才有今天这一本较为满意的成果，所以倍感欣慰。

然而，由于从开始的摸索阶段到现在的成果展现，还存在很多不完善的地方，也还有一些专业性的问题，需要拿来同前辈及专家们进行探讨。

在这几年的测绘实践中，由于地点、时间以及人员等各因素的影响，难免在成果的表达中存在误差、遗漏，但我们相信随着科技的进步，时间的推移，我们会更加努力、更系统地对中国民居进行不断的挖掘与研究，这是我们追求的最终目标。

本书由吴昊主编，海继平副主编。

吴　昊　负责第一章；

李建勇　负责第二章；

海继平　负责第三章；

张　豪　负责第四、六章；

王　娟　负责第五章；

其他教师在测绘中带领学生，认真辅导，孜孜不倦，并做出大量的工作，在这里就不一一列举。要特别感谢的是西安建筑科技大学的陈晓育、王文正、李相韬等教师，在测量现场及教学辅导中付出了大量心血。

同时感谢孟昭飞、王璐、高雅同学在后期的整理过程中作出的许多贡献。

编者　2010 年 1 月

作者简介

　　吴昊：教授，博士生导师。西安美术学院学术委员会委员。中国美术家协会会员，中国美术家协会环境艺术委员会委员。中国建筑学会室内设计分会副会长，中国资深建筑师，中国雕塑学会会员，西安市规划委员会委员，全国建筑美术教材编委会委员，全国环境艺术教材编委会委员。

　　近年来发表《继承·吸收与民族化》、《系统性艺术教育研究》等学术论文共计20余篇，先后出版《流动空间》、《环境艺术设计》、《现代景观设计》、《陕北窑洞民居》、《建筑模型》、《世界建筑画选》、《环境艺术装饰材料应用艺术》、《世界室内设计精华》、《建筑与环境艺术速写》、《家具设计》等专著15部。